农药知识读本

骆焱平 主编

化学工业出版社

·北京·

本书以问答的形式，在简述农药概念、毒性、加工、农药与环境、农药中毒及急救方面知识的基础上，简明扼要地介绍了当前主流农药，包括杀虫剂、杀螨剂、杀菌剂、除草剂、植物生长调节剂、杀鼠剂等农药的特点、防治对象、使用技术以及注意事项等内容。本书深入浅出，在普及农药知识的同时，传授大家农药的科学和安全使用方法。

该书适合广大农户、农业科技工作者参考使用，也可作为科技下乡的专用图书和培训教材。

图书在版编目（CIP）数据

农药知识读本/骆焱平主编．—北京：化学工业出版社，2017.7（2023.11重印）

ISBN 978-7-122-29650-4

Ⅰ.①农…　Ⅱ.①骆…　Ⅲ.①农药-问题解答　Ⅳ.①S48-44

中国版本图书馆CIP数据核字（2017）第102248号

责任编辑：刘　军　冉海滢　　文字编辑：陈　雨

责任校对：宋　夏　　装帧设计：关　飞

出版发行：化学工业出版社（北京市东城区青年湖南街13号　邮政编码100011）

印　　装：北京虎彩文化传播有限公司

710mm×1000mm　1/16　印张13¼　字数245千字　2023年11月北京第1版第9次印刷

购书咨询：010-64518888　　售后服务：010-64518899

网　　址：http://www.cip.com.cn

凡购买本书，如有缺损质量问题，本社销售中心负责调换。

定　　价：36.00元

本书编写人员名单

主　　编　骆焱平

副 主 编　王兰英　刘诗诗

编写人员　（按姓氏汉语拼音排序）

高陆思　韩丹丹　侯文成

李　花　刘诗诗　骆焱平

王兰英　王毛节　杨育红

章　杰

前言

农药在防治病、虫、草、鼠的危害，保护作物稳产丰收方面发挥了重要作用。随着世界人口的不断增加，人类对粮食的需求也在不断增加，农药将继续发挥其应有的作用。然而，随着人们生活水平的提高，人类对粮食安全的要求越来越严格，高效、低毒、低残留农药越来越受到人们的青睐。由此，要求广大农户了解农药，认识农药，安全合理地使用农药。

近年来，我国启动农药化肥“双减”行动，力争到2020年，主要农作物农药利用率达到40%以上，且实现农药使用量零增长。如果按照常规方法，该行动目标很难实现；唯有正确认识农药，了解农药，坚持使用高效的绿色农药，同时改进施药方法，方可顺利实现该目标。因此，为了让读者更好地了解农药，认识农药，安全合理地使用农药，我们编写了《农药知识读本》。该书将711种农药知识以通俗易懂、简明扼要的形式表现出来，尽量避免专业性强的术语描述，既方便读者阅读，又能指导农户安全选择农药，合理使用农药。

本书主要由骆焱平、王兰英、刘诗诗编写，其他人员参与本书资料收集、整理、文字编辑与校对工作，在此表示衷心的感谢。

本书的出版得到2017年海南省重大科技计划项目和海南大学教育教学研究课题（hdjy1605）的资助。

由于编者水平有限，不足之处在所难免，敬请读者批评指正。

编者

2017年5月

目录

第一章 农药基础知识 /1

第二章 杀虫剂知识 / 20

第三章　杀螨剂知识 / 50

第四章　杀菌剂知识　/ 55

第五章 除草剂知识 / 90

第六章 植物生长调节剂知识 / 126

第七章 杀鼠剂知识 / 137

第十章　农药中毒急救知识　/ 150

第一章

农药基础知识

1 什么是农药？

指用于预防、控制危害农业、林业的病、虫、草和其他有害生物以及有目的地调节植物、昆虫生长的化学合成或者来源于生物、其他天然物质的一种物质或者几种物质的混合物及其制剂。

新农药，指含有的有效成分尚未在我国登记的农药。

卫生用农药，指用于预防、控制危害人类生活环境和养殖动物生存、生长环境的蚊、蝇、蜚蠊、蚂蚁和其他有害生物的农药。

2 什么是假农药？

以非农药冒充农药或者以此种农药冒充他种农药的；所含有效成分与经核准的产品标签、说明书上标注的农药有效成分不符的。未取得农药登记证的农药和禁用的农药，按照假农药处理。

3 什么是劣质农药？

不符合农药产品质量标准的；失去使用效能的；混有导致药害等有害成分的；超过农药质量保证期的。

4 农药有什么作用？

农药是人类获得粮食，确保农业稳产、丰产不可缺少的重要生产资料。农药如杀虫剂、杀菌剂、除草剂等为人类做出了巨大的贡献。近年来，随着人口的不断增长，人类对粮食的需要也不断增加，但是人均可耕地面积在逐年减少，要解决这个世界性难题，必须依靠提高单位面积的粮食产量和改善作物品质，这就必须采用各种手段，如育种、栽培、施肥等，而农药的应用也是其中必不可少的手段之一。

据统计，我国现有耕地占世界的7%，人口已经超过13亿，约占世界总人口的25%，如何增加单位面积粮食产量，养活众多人口成为我国首要解决的问题。在众多的解决方法中，农药的使用就是重要的措施之一。农药的使用可以节省劳力，降低农产品成本，提高经济效益。世界谷物生产统计表明，每年因虫害损失14%，病害损失10%，草害损失11%。使用农药使全球减少30%～35%的作物损失，挽回损失3000亿美元/年。投入农药1元可以得到经济效益8～10元。在中国，如果停用农药，将有3.5亿人挨饿。水果将减产78%，蔬菜减产54%，谷物减产32%。农药不仅在农业生产中发挥着重要作用，而且在森林保护、草坪整理，蚊蟑鼠蚁霉人类疫病媒介控制，细菌病毒战媒介控制中扮演着重要角色。

5 农药分哪些类别？

根据原料来源可分为无机农药、有机农药、生物农药。

- 农药
  - 无机农药（矿物性农药）
  - 有机农药
  - 生物农药
    - 植物源农药
    - 动物源农药
    - 微生物农药

根据防治对象可分为杀虫剂、杀菌剂、杀螨剂、杀线虫剂、杀鼠剂、除草剂、脱叶剂、植物生长调节剂等。

根据加工剂型可分为可湿性粉剂、可溶性粉剂、乳剂、乳油、浓乳剂、乳膏、糊剂、胶体剂、熏烟剂、熏蒸剂、烟雾剂、油剂、颗粒剂、微粒剂等。

6 什么是无机农药？

由天然矿物质原料加工、配制而成的农药，又称为矿物性农药。如波尔多液、石硫合剂、生石灰（CaO）、硫黄（S）、砷酸钙［$Ca_3(AsO_4)_2$］、膦化铝（AlP_3）、硫酸铜（$CuSO_4$）等。

7 什么是生物农药？

利用天然生物资源 （如植物、动物、微生物）开发的农药。由于其来源不同，可以分为植物源农药、动物源农药和微生物农药。

8 什么是植物源农药？

直接来源于植物或植物提取物。例如，除虫菊素、烟碱、鱼藤酮、藜芦碱等杀虫剂，丁香油引诱剂，香茅油趋避剂，油菜素内酯植物生长调节剂等。

9 什么是动物源农药？

来源于动物的有毒物质或天敌资源。例如，斑蝥毒素、沙蚕毒素、蜕皮激素、保幼激素、昆虫外激素等。各种有害生物的天敌资源也包含在内。

10 什么是微生物农药？

微生物农药包括农用抗生素和活体微生物。农用抗生素是由抗生菌发酵产生的、具有农药功能的代谢产物。例如，井冈霉素、春雷霉素等，可以用来防治真菌病害；土霉素可以用来防治细菌病害；浏阳霉素可以用来防治蛾类；阿维菌素可以用来杀灭害虫、害螨、畜体内外寄生虫。活体微生物农药是有害生物的病原微生物活体。例如，白僵菌、绿僵菌；苏云金杆菌（*Bt*）是一类细菌杀虫剂；核型多角体病毒是一类杀虫剂；鲁保一号是一类真菌除草剂。

11 什么是绿色农药？

对人类健康安全无害，对环境友好，超低用量，高选择性，以及通过绿色工艺流程生产出来的农药。

12 什么是无公害农药？

指用药量少，防治效果好，对人畜及各种有益生物毒性小或无毒，要求在外界环境中易于分解，不对环境及农产品造成污染的高效、低毒、低残留农药。包括生物源、矿物源（无机）、有机合成农药等。昆虫信息素、拒食剂和生长发育抑制剂属于此类。

13 什么是专一性农药？

指专门对某一两种病、虫、草害有效的农药。如抗蚜威只对某些蚜虫有效；井冈霉素只对水稻、小麦纹枯病有效；敌稗只对稗草有效。专一性农药有高度的选择性。

14 什么是广谱性农药？

针对杀虫、治病、除草等几类主要农药各自的防治谱而言，如一种杀虫剂可以防治多种害虫，则称其为广谱性杀虫剂。同理可以定义广谱性杀菌剂与广谱性除草剂。

15 什么是兼性农药？

兼性农药常用两个概念：一是指一种农药有两种或两种以上的作用方式或作用机理，如敌百虫既有胃毒作用，又有触杀作用；二是指一种农药可兼治几类害物，如稻瘟净、富士一号等，既可防治水稻稻瘟病，又可控制水稻飞虱、叶蝉的种群发生。

16 农药原药是什么？

未经加工的农药，固体的原药称为原粉；液体的原药称为原油。

17 什么是农药加工？

在原药中加入适当的辅助剂，制成便于使用的形态。农药原药中除少数挥发性大的和水中溶解度大的可以直接使用外，绝大多数必须加工成各种剂型方可使用。

18 什么是农药制剂？

加工后的农药叫做农药制剂。由三部分组成，有效成分的质量百分含量（%）、有效成分的通用名称和剂型。

19 什么是农药剂型？

制剂的形态叫做农药剂型。如粒剂、粉剂、可湿性粉剂、乳油、悬浮剂、水乳剂、颗粒剂、水分散粒剂、缓释剂、热雾剂、种衣剂等。

20 农药剂型加工的意义是什么？

赋予农药原药以特定的稳定的形态，便于流通和使用；将高浓度的原药稀释至对有害生物有毒，而对环境不造成危害的程度；使农药获得特定的物理性能和质量规格；使原药达到最高的稳定性，以获得良好的“货架寿命”；能使一种原药加工成多种剂型及制剂，扩大使用方式和用途；能将高毒农药加工成低毒剂型及其制剂，以提高施药者的安全；加工成缓释剂，可控制有效成分缓慢释放，提高对施药者的安全性，减少对环境的污染；混合制剂具有兼治，延缓抗药性发展，提高安全性的作用等。

21 什么是填料？

用来稀释农药原药以减少原药用量，改善物理状态，使原药便于机械粉碎，增加原药的分散性，是制造粉剂或可湿性粉剂的填充物质。如黏土、陶土、高岭土、硅藻土、叶蜡石、滑石粉等。

22 什么是湿润剂？

可以降低水的表面张力，使水易于在固体表面湿润与展布的助剂。如纸浆废液、洗衣粉、拉开粉等。

23 什么是乳化剂？

能使原来不相容的两相液体（如油和水）中的一相以极小的液球稳定分散在另一相液体中，形成不透明或半透明乳浊液，如双甘油月桂酸钠、蓖麻油聚氧乙基醚、烷基苯基聚乙基醚等。

24 什么是分散剂？

能提高和改善药剂分散性能的农药助剂。分为两种：农药原药的分散剂和防止粉粒絮结的分散剂。如硅藻土、二氧化硅、多种表面活性剂等。

25 什么是黏着剂？

能增强农药对固体表面黏着性能的助剂，药剂黏着性提高，耐雨水冲洗，提高残效期。如在粉剂中加入适量黏度较大的矿物油；在液剂农药中加入适量的淀粉糊、明胶等。

26 什么是稳定剂？

能防止农药在储存过程中有效成分分解或物理性能变坏的助剂。按作用性能分为两大类：有效成分稳定剂，又称抗分解剂或防解剂，包括抗氧化剂、抗光解剂、减活性剂等。如某些偶氮化合物可作为菊酯类农药的抗光解剂；某些醇类、环氧化合物、酸酐类等可作为有机磷、氨基甲酸酯、菊酯类农药的抗氧化剂等。制剂性能稳定剂，其功能是防止农药制剂物理性质变劣，主要有防止粉剂絮结和悬浮剂、可湿性粉剂悬浮率降低的抗凝剂。如烷基苯磺酸钠、聚氧乙烯醚等。

27 什么是增效剂？

自身基本没有杀虫、杀菌作用，但能使原药提高杀虫、杀菌效力的助剂。如增效醚（TTP）、增效磷（SV1）、增效酯、增效胺等。

28 粉剂的特征是什么？

由农药原药和填料组成，经过粉碎，形成产品。一般含量0.5%～10%。粉粒细度95%通过200目筛，水分含量小于1.5%，pH5～9。粉剂分无漂移粉剂、超微粉剂。粉剂使用特点如下。

（1）粉剂不被水湿润，也不分散或悬浮在水中，故不能加水喷雾用。

（2）粉剂使用方便，适于干旱缺水地区使用。

（3）成本低、价格便宜，但附着性差，其残效期比可湿性粉剂、乳油等短，而且易污染环境。

（4）粉剂因粉粒细小，易附着在虫体或植株上，而且分散均匀，易被害虫取食。防效好。

29 粒剂的特征是什么？

由原药、载体、助剂制成粒状制剂。分为大粒剂、颗粒剂、微粒剂、细微粒剂。水分小于3%；颗粒完整率≥85%。

30 水分散粒剂的特征是什么？

又称干悬浮剂或粒型可湿性粉剂，由活性成分、湿润剂、分散剂、崩解剂、稳定剂、黏着剂及载体等组成。在水中能较快地崩解、分散，形成高悬浮的制剂。

31 可湿性粉剂的特征是什么？

由农药原药、填料、湿润剂、混合物加工而成，可分散于水中形成悬浮液施用。要求99.5%通过200目筛；湿润时间小于15min；悬浮率为70%；水分在2.5%以下，pH 5～9。

32 可溶性粉剂的特征是什么？

由水溶性较大的农药原药，或水溶性较差的原药附加了亲水基，与水溶性无机盐和吸附剂等混合磨细后制成。粉粒细度要求98%通过80目筛。

33 乳油的特征是什么？

由农药原药、有机溶剂、乳化剂组成。乳油中有效成分含量有两种表示方法，一种是用质量/质量表示，记作g/kg；另一种是用质量/体积表示，记作g/L。

34 水乳剂的特征是什么？

将液体或与溶剂混合制得的液体农药原药以0.5～1.5μm的小液滴分散于水中的制剂，外观为乳白色牛奶状液体。该制剂对环境友好。

35 悬浮剂的特征是什么？

由不溶于水或难溶于水或有机溶剂的固体农药原药、分散剂、湿展剂、载体、消泡剂、水（油）经砂磨机进行超微粉碎后制成的剂型。悬浮剂分为水悬浮剂和油悬浮剂两种。水悬浮剂是水作溶剂。油悬浮剂是以油类为主要溶剂，不含水。

36 缓释剂的特征是什么？

缓释剂是利用控制释放技术，将原药通过物理的、化学的加工方法储存于农药的加工品之中，制成可使有效成分缓慢释放的制剂。物理型缓释剂，主要是利用包衣封闭与渗透、吸附与扩散、溶解与解析等基本原理而制成的；化学型缓释剂，是使用带有羟基、羧基或氨基等活性基团的农药与一种有活性基团的载体，经过化学反应结合到载体上去而制成的。

37 什么是种衣剂？

种衣剂是指在干燥或湿润状态的植物种子外，用含有黏着剂的农药包覆，使之形成具有一定功能（防虫、治病、施肥）和包覆强度的保护层，此过程称为种子包衣，包覆种子的组合物称为种衣剂。

38 农药命名基本原则是什么？

（1）有效成分种类相同的农药混配制剂使用同一简化通用名称。

（2）简化通用名称应当简短、易懂、便于记忆、不易引起歧义，一般由2～5个汉字组成。

（3）混配制剂简化通用名称一般按以下原则命名。

① 采用产品中有效成分的通用名称全称、通用名称的词头或可代表有效成分的关键词组合而成。

同一有效成分不同形式的盐或相同化学结构的不同异构体，在简化通用名称中可以使用同一词头或关键词，不同之处在标签有效成分栏目中体现。

② 有效成分的通用名称、词头或关键词之间插入间隔号，以反映混配制剂中有效成分种类的数量。

③ 有效成分的词头或关键词按照通用名称汉语拼音顺序排序。简化通用名称含有某种有效成分通用名称全称的，应当将其置于简化通用名称的最后。

④ 简化通用名称应当尽量含有一种有效成分的通用名称全称，其选取基本原则如下：

a. 通用名称为2～3个汉字；

b. 与产品中其他有效成分相比，所选取的有效成分在我国生产、使用量相对较大；

c. 与产品中其他有效成分相比，所选取的有效成分在产品中所占的比例相对较大，或者潜在风险较高。

（4）按照第三条命名导致简化通用名称与第二条的要求不相符的，按照以下顺序确定简化通用名称：

① 调换有效成分通用名称的词头或关键词的排列顺序；

② 以产品中所含有效成分通用名称的文字为基础，针对该种有效成分混配组合，调换有效成分通用名称的词头或可代表有效成分的关键词及其排列顺序；

③ 针对该种有效成分混配组合，选取与产品中所含有效成分通用名称无关的文字作为该种有效成分通用名称的代表关键词，其排列顺序也可以调整。

（5）简化通用名称不得有下列情形之一：

① 容易与医药、兽药、化妆品、洗涤品、食品、食品添加剂、饮料、保健品等名称混淆的；

② 容易与农药有效成分的通用名称、俗称、剂型名称混淆的。

39 农药的施用方法有哪些？

喷粉法、喷雾法、土壤处理法、拌种和浸种（苗）法、毒谷、毒饵和毒土、种子处理法、熏蒸法、熏烟法、烟雾法、施粒法、飞机施药法、种子包衣技术、控制释放施药技术等。

40 影响喷粉效果的因素是什么？

（1）粉剂的理化性质对喷粉质量的影响。呈疏松状态的粉剂，喷出后，会出现一定程度的絮结，有利于粉剂的沉积，但降低了粉剂在受药表面的分散度。超细粉粒，容易引起粉尘漂移；露水天或雨后，有助于粉粒在植物表面的黏附。

（2）机械性能与操作方法。会对粉剂均匀分布有影响。喷粉要将粉剂均匀地喷施到每一地段的作物上。

（3）环境因素。喷粉时间一般以早晚有露水时效果较好，因为药粉可以更好地附在植物或有害物上；喷粉应在无风、无上升气流或在1～2级风速下进行，不应顶风喷撒，喷后一天内下雨则需补喷。

41 什么是喷雾法？

喷雾法就是在外界条件的作用下，使农药药液雾化并均匀地沉降和覆盖于喷布对象表面的一种农药使用方法。农药制剂中除超低容量喷雾剂不需加水稀释而直接喷雾外，可供液态使用的其他农药剂型有乳油、可湿性粉剂、可溶性液剂、水分散粒剂、胶体剂、悬浮剂以及可溶性粉剂等。

42 喷雾对水质的要求是什么？

水的硬度是指水中溶解的钙盐、镁盐的量。即每100mL水中含氧化钙1mg，称为1度，硬度100以下，通常称为软水，大于100者为硬水，农药加水稀释时，都要选用软水，这是由于硬度高的水如某些地区的井水、泉水、海水等含有较多的钙、镁等无机盐类，硬度都在200左右，如果用这些水稀释农药，则硬水中的钙、镁等物质能降低可湿性粉剂的悬浮度，或与乳油中的乳化剂化合生成钙、镁等沉淀物，从而破坏乳油的乳化性，这样不但降低农药的防治效果，还会使农作物产生药害。

为了抵抗水中无机盐产生的硬度对农药喷洒液的不良影响，在乳油、可湿性粉剂、悬浮剂等产品中都添加有适宜的助剂，使之能抗硬水的不良影响。例如，在检验乳油的乳化性能时所使用的水为342mg/L标准硬水，乳油在这种硬水中乳化性能合格，才算达到标准。而一般的河水、湖水、江水等水中含钙、镁等物质较少，硬度一般都在100以下，这种软水不会破坏被稀释药剂的性能和降低防效。

43 影响喷雾效果的因素是什么？

（1）剂型的质量（主要指悬浮性、稳定性、湿润性和展着性）越好，防治效果越好。

（2）雾滴越细，分布植物表面越均匀。但是细小的雾滴受外界条件的影响容易漂移，影响防治效果。雾滴太大易于沉降，但分布不均匀，所以雾滴大小要适中。

（3）害虫体表的结构及喷雾技术。

（4）受到气象条件的影响。

44 影响土壤处理效果的因素是什么？

第一，土壤处理效果的好坏与土壤的酸碱度有关，中性土壤最好。第二，与处理时的土壤温度有关。第三，与药剂的理化性质有关，即与药剂在土壤中的渗透性和扩散性有关。一般来说，蒸气压较高的药剂，在土壤中易于扩散。该法有利于保护天敌，但是药剂容易流失。目前主要用于处理苗床，植穴，根部周围的土壤。

45 影响拌种和浸种效果的因素是什么？

用药粉与种子拌匀，使每粒种子外面都覆盖一层药粉，是防治种子传染病害及地下害虫的方法。常用拌种药剂为高浓度粉剂、可湿性粉剂、乳油等。或把种子（种苗）浸泡在药液中，过一定时间后捞出来，直接杀死种子（种苗）上携带的病原菌。药液浓度和药液温度不要过高，浸种时间应按农药说明书的要求严格掌握，时间过长影响种子的萌发，也容易产生药害。

46 农药的科学使用原则是什么？

掌握有害物的生物学特性是科学用药的基础；选择合适的剂型和施药方法是科学用药的前提；选择最佳防治时期，适时用药；掌握好用药量，防止药害；合理混用农药，提高药效；合理交替，轮换使用农药，减少抗药性的发生。

47 害虫的生物学特性是什么？

害虫从卵到成虫需要经历几个发育阶段，各阶段对农药的敏感度不同。卵期、蛹期不活动，又有外壳保护，许多杀虫剂对其杀伤力较小。而若虫或幼虫、成虫阶段，生理活动强烈，取食、迁移活动频繁，很容易接触杀虫剂而受到杀灭。其中，幼龄幼虫对农药敏感，易于防治；老龄幼虫抗药性增强，选择初孵时期用药就会事半功倍。因此，各级病虫预测预报站常常把这个时期定为最佳防治期。成虫大多有趋光性，有的成虫对糖醋混合液趋性强，因而常用灯光及糖醋液诱杀成虫。一般而言，防治咀嚼式口器害虫可用胃毒剂；防治刺吸式害虫可用触杀或内吸性杀虫剂，胃毒剂不能发挥作用；熏蒸杀虫剂有强大的挥发、渗透力，常用来防治仓储害虫或地下害虫。防治夜出害虫或卷叶害虫以傍晚施药效果较好。

48 病害的生物学特性是什么？

各种病害入侵部位和病害扩展方式不同，防治方法不一样。土壤传播的病害（如枯萎病），只有对土壤进行处理才能奏效；种子带菌传播的病害，常用种子处理方法防治；植株上侵染的病害，大多采用喷雾、喷粉法防治。同是杀菌剂，有的对真菌性病害有效，有的对细菌性病害有效。病害方面，病原菌休眠孢子抗药力强，孢子萌发时抗药力减弱。充分了解这些特性，有助于开展防治工作。

49 杂草的生物学特性是什么？

除草剂的灭草原理主要是利用植物不同的形态特征、不同的生理特性、不同的空间分布、不同的生长时差进行除草。单子叶杂草（如禾本科）叶片竖立、叶面积小，表面角质层、蜡质层厚，生长点被多层叶鞘所保护，除草剂不易被吸附或黏附量极少；双子叶杂草叶片平伸，叶面积大，表面角质层和蜡质层薄，生长点裸露，除草剂易被黏附或黏附量大，形成了受药量的较大差别。这时，除草剂利用杂草的不同形态来开展防除工作。

50 如何选择剂型和施药方法？

粉剂使用简单，工效高，可直接使用。但缺点是粉尘随大气漂移，容易对环境造成污染。一般风速达到 1m/s 就不适于喷粉。可湿性粉剂在水中有较好的悬浮率，喷在叶面能湿润作物表面，扩大展布面积。该剂型不用有机溶剂和乳化剂，包装、运输费用低，耐储存，是一种常见剂型。乳油、浓乳剂、微乳剂的特点是农药分散度高，作为喷雾剂型应用广泛。胶悬剂比可湿性粉剂分散更高，粒径更细，在水中的悬浮性明显高于可湿性粉剂。防治效果一般也比可湿性粉剂要好。水剂直接对水使用，成本低，缺点是不耐储藏，易水解失效，湿润性差，残效期短。油剂常用于超低容量喷雾，不需稀释而直接喷洒。一般油剂挥发性低、黏度低、闪点高、对人畜安全。烟雾剂通过点燃药物后农药有效成分因受热而气化，在空中受冷后凝结成固体微粒沉积到植物上而防治病虫。用于空间密封的场所如仓库、温室、大棚。使用时工效高，劳动强度低。

一般来说，可湿性粉剂、乳油、悬浮剂等，以喷雾、浇灌法为主；颗粒剂以撒施或深层施药为主；粉剂，采用喷粉、撒毒土法等；触杀性农药以喷雾为主；危害叶片的害虫以喷雾和喷粉为主；钻蛀性害虫或危害作物基部的害虫以浇灌或撒毒土为主。

叶面喷雾用的杀菌剂，一般以油为介质的剂型对杀菌作用的发挥并无好处，因为杀菌剂对病原菌细胞壁和细胞膜的渗透是溶解在叶面水膜中的杀菌剂分子，并不需要油质有机溶剂的协助，甚至反而会妨碍药剂分子的扩散渗透和内吸作用。所以宜选择悬浮剂或可湿性粉剂。叶面喷洒用的除草剂，因杂草叶片表面有一层蜡质层，含有机溶剂的乳油、浓乳剂、悬乳剂等剂型都可以选用；具有良好的润湿和渗透作用的可湿性粉剂、悬浮剂等剂型也可选用；施用于水田田泥或土壤中的除草剂，以颗粒剂和其他能配制毒土的剂型用得比较多。

51 温度如何影响农药的施用？

农作物在炎热的天气中生命力旺盛，叶子的气孔开放多而大，药剂喷上去容易侵入到作物体内，产生药害。同时，高温容易促进药剂的分解和农药有效成分的挥发，使施药人员更容易中毒。所以在炎热高温的天气条件下，尽可能不施药，尤其是中午不要施药，以防发生药害和施药人员中毒事故。农药施用的时间应选在晴天，早上10点以前和下午4点以后进行。

另外，高温季节，病虫活动有一定的规律特点。许多害虫有喜阴避阳的习性，往往集中于植株下部丛间或叶背，病害则多从叶背气孔和下部叶片侵入。同时，在高温季节，病虫害繁殖扩散速度较快，病虫害的抗药性也会增强。所以，在高温季节施药时，要根据病虫害的危害特征，合理确定喷药部位，掌握最佳的喷药时机，并注重检查药效，适当更换农药，降低病虫害的抗药性，提高防治效果。

大多数农药适宜的施药温度是20～30℃，温度过低不利于药效的发挥；温度过高会促使药剂分解，残效期短。对挥发性强的农药或负温度系数的杀虫剂，则不宜在高温下使用，如拟除虫菊酯类杀虫剂。

52 提高雨季施药效果的措施是什么？

（1）选择合适的农药品种

① 选用内吸性农药。内吸性农药可以通过植物的根、茎、叶等进入植株体内，并输入到其他部位。具有迅速传导作用的托布津、多菌灵、粉锈宁、杀虫双等，以及除草剂乙草胺、精禾草克、草甘膦等，这些内吸性农药施用后数小时，大部分被植物吸取到组织内部，其药效受降雨的影响较小。虽无传导作用的功夫菊酯、灭幼脲、代森铵等在作物表面上具有较强的渗透力和抗冲刷力，也适合雨季施用。

② 选用速效农药。选用速效农药能够在短时间内大量杀死害虫，达到防治目的，从而避免雨水的影响。如抗蚜威，施用后数分钟即可杀死作物上的蚜虫。辛硫磷、菊酯类农药，具有很强的触杀作用，在施用后1～2h之内就可杀死大量害虫，且杀虫率高。

③ 选用微生物农药。化学农药在雨季施用或多或少会降低药效，但微生物农药相反，连绵阴雨天反而会提高其药效。如在干燥条件下施用微生物农药效果不理想，在高湿情况下，尤其是在雨水或露水存在时，其孢子或菌体萌发，繁殖速度加快，杀虫作用才会提高。常用的微生物农药有白僵菌、青虫菌、Bt乳剂等。

（2）在药液中加黏着剂和辅助增效剂。配制药液时，适量加些洗衣粉或皂角液等黏着剂，能增强农药在作物及害虫体表的附着力，施药后遇中小雨也不易把药剂冲刷掉。如在粉剂中加入适量黏度较大的矿物油或植物油、豆粉、淀粉等，可明显提高黏着性。在可湿性粉剂或悬浮液中加入水溶性黏着剂，如各种动物骨胶、树胶、纸浆废液、废糖蜜以及聚乙烯醇等合成黏着剂，耐雨水冲刷能力增强。

53 农药混用的优点是什么？

（1）延缓和治理抗药性。作用机制不同的农药混用，对已产生抗药性的害虫可以获得很好的防治效果，对还没有产生抗药性的害虫，又可起到延缓和治理抗药性的作用，延长农药的使用寿命。

（2）拓宽农药防治谱。农药混用的各单剂之间可以取长补短，优势互补，从而扩大农药的防治谱和使用范围。

（3）增效作用。目前许多害虫如棉蚜、棉铃虫对拟除虫菊酯杀虫剂的抗性非常严重，但有机磷、氨基甲酸酯、脒类等杀虫剂与其混用，都表现出对拟除虫菊酯有明显的增效作用，昆虫对拟除虫菊酯类杀虫剂产生抗性的原因之一是多功能氧化酶（MFO）活性增高，而有机磷如辛硫磷可以抑制 MFO，因此，混用能表现出明显的增效作用。杀菌剂中，抗生素类、硫黄以及一些非内吸性的保护性杀菌剂与内吸性杀菌剂混用，也常表现出增效作用。

（4）降低使用时的毒性、药害或残留。高毒与低毒农药品种混用，若无增毒现象，则比高毒农药单剂使用安全，有时这种安全性的提高，超过了减少用量所能达到的程度。

（5）节省药剂用量，降低防治成本。一般可降低用药量 20%～30%，此外，还能简化防治程序，这也是合理用药和节约用药量现实可行的措施。

54 农药混用的原则是什么？

农药混用的目的是增效、兼治和扩大防治对象。农药混合后不应发生物理、化学性质的变化；作物不应出现药害现象，不应降低药效，不应增加急性毒性。

（1）发生酸碱反应的农药避免混用。常见的有机磷酸酯、氨基甲酸酯、拟除虫菊酯类杀虫剂，有效成分都是“酯”，在碱性介质中容易水解；福美、代森等二硫代氨基甲酸酯类杀菌剂在碱性介质中会发生复杂的化学变化而被破坏。有些农药既不能与碱性物质混用，也不能与酸性农药混用，如马拉硫磷、喹硫磷；有些农药在酸性条件下会分解，或者降低药效，如 2,4-滴钠盐或铵盐、2 甲 4 氯钠盐等。

（2）避免与含金属离子的农药混用。二硫代氨基甲酸酯类杀菌剂、2,4-滴类除草剂与含铜制剂混用可生成铜盐，降低药效；甲基硫菌灵、硫菌灵可与铜离子络合而失去活性。除铜制剂外，与其他含重金属离子的制剂如铁、锌、锰、镍等制剂混用时也要特别慎重。

（3）避免出现药害。石硫合剂与波尔多液混用，可产生有害的硫化铜，增加可造成药害的可溶性铜离子。二硫代氨基甲酸酯类杀菌剂，无论是在碱性介质中还是与铜制剂混用都会产生有药害的物质。

（4）增效作用。多功能氧化酶是昆虫产生抗药性的主要酶之一，辛硫磷能抑制该酶，因此，辛硫磷与菊酯类或其他有机磷类杀虫剂混用，有一定的增效作用，同时延缓抗性的发生。

55 什么是农作物药害？

指因使用农药不当而引起作物表现出各种病态，包括作物体内生理变化异常、生长停滞、植株变态甚至死亡等一系列症状。作物的药害可分为急性药害和慢性药害两种。

56 急性药害及症状是什么？

一般是指在施药后几小时到几天内出现的药害。其特点是发生快，症状明显，肉眼可见。药害出现的症状主要表现为以下几个方面。

（1）发芽率：种子处理或土壤处理后导致作物种子发芽率明显下降。

（2）根系：种子处理、土壤处理或浇灌后导致作物根系表现出短粗肥大，缺少根毛，表皮变厚发脆，不向土层深处延伸等发育不良的现象。

（3）茎部：药剂处理后茎部扭曲、变粗变脆，表皮破裂，出现疤结等。

（4）叶：是药害最易表现出症状的植物器官，症状多样。主要有叶斑、穿孔、焦灼枯萎、黄化失绿或褪绿变色、卷叶、畸形、厚叶、落叶等。

（5）花：主要表现为落花或授粉不良。花期最易遭受药害，所以一般情况下花期尽量避免施药。

（6）果实：果斑、锈果、畸形果、落果等。

（7）农艺性状：由于农药的使用而使某些蔬菜、果树、烟草、茶叶等经济作物带有异常气味、风味或色泽变劣等。急性药害严重时，整株枯死。

57 慢性药害及症状是什么？

一般是指在施药一段时间后，逐渐表现出来的药害。其特点是发生缓慢，有的药害症状不很明显。慢性药害常表现为植物矮化、畸形、生长缓慢；花芽形成、花期、结果期、果实成熟期推迟；风味、色泽、品质等恶化；结籽植物的千粒重小，产量低，甚至不开花结果等症状。慢性药害一旦发生，一般很难挽救。

58 什么是残留药害？

农药使用后残留在土壤中的有机成分或其分解产物对生长植物引起的药害（对后茬作物而言），如分解缓慢的农药种类和含金属离子的农药。如某些高效、长效的除草剂对后茬种植敏感植物极易发生药害。

59 药害与病害的区别是什么？

（1）斑点。表现在作物叶片上，有时也发生在茎秆或果实表皮上。药斑有褐斑、黄斑、枯斑、网斑等几种。药斑与生理性病害斑点的区别在于，前者在植株上的分布没有规律性，整个地块发生有轻有重；后者通常发生普遍，植株出现症状的部位比较一致。药斑与真菌性病害的区别是药害斑点大小、形状变化多，而病害具有发病中心，斑点形状较一致。如农户频繁使用杀虫剂防治白粉虱时，会发生叶缘卷曲、叶面有斑点等药害情况。

（2）黄化。表现在茎叶部位，以叶片发生较多。药害引起的黄化与营养缺乏的黄化相比，前者往往由黄叶发展成枯叶，后者常与土壤肥力和施肥水平有关，全田黄化表现一致。药害引起的黄化与病毒引起的黄化相比，后者黄叶有碎绿状表现，且病株表现系统性症状，大田间病株与健株混生。

（3）畸形。表现在作物茎叶和根部，常见的畸形有卷叶、丛生、根肿、畸形穗、畸形果等。如番茄受2,4-滴丁酯药害，表现典型的空心果和畸形果。

（4）枯萎。表现为整株植物出现症状，此类药害大多因除草剂使用不当造成。药害枯萎与侵染性病害引起的枯萎症状相比，前者没有发病中心，而且发生过程较慢，先黄化，后死株，根茎中心无褐变；后者多是根茎部输导组织堵塞，先萎蔫，后失绿死株，根基部变褐色。

（5）停滞生长。表现为植株生长缓慢。如在黄瓜生长季节，过量或不严格使用矮壮素或促壮素等激素可能在育苗阶段控制了徒长，但由于剂量过大，限制了秧苗的正常生长，使其老化、生长缓慢。药害引起的生长缓慢与生理性病害的发僵相比，前者往往伴有药斑或其他药害症状，而后者则表现为根系生长差，叶色发黄。

（6）不孕。作物生殖期用药不当而引起的一种药害。药害不孕与气候因素引起的不孕不同，前者为全株不孕，有时虽部分结实，但混有其他药害症状；而气候引起的不孕无其他症状，也极少出现全株性不孕现象。

（7）脱落。有落叶、落花、落果等症状。药害引起的脱落常有其他药害症状，如产生黄化、枯焦后再落叶；而天气或栽培因素造成的脱落常与灾害性天气如大风、暴雨、高温、缺肥、生长过旺等有直接关系。

（8）劣果。主要表现在植物的果实上，使果实体积变小，形态异常，品质变劣，影响食用和经济价值。药害劣果与病害劣果的主要区别是前者只有病状，无病症，后者有病状，多有病症。如生产中一些农户认为调吡脲任何时期都可以使用，只要黄瓜秧雌花少，就可喷施一些调吡脲来增加雌花数量。其实不然，黄瓜的花器分化在幼苗期，在育苗阶段使用调吡脲可以有效促进花器分化。过了分化期再用调吡脲，其促进分化作用的效果低微而抑制生长的作用明显，使结瓜期的幼瓜生长受到抑制，长成畸形瓜。

60 产生药害的原因是什么？

施用农药后在植物上产生药害，原因归结为药剂、植物和环境条件三种因素。

（1）药剂本身的因素。①一般水溶性强的、无机的、分子量小的、含重金属的药剂易造成药害。如叶斑、枯叶、灼伤、穿孔、厚叶、枯萎、落叶、黄化、畸形及花、果药害，大部分是由砷制剂、波尔多液、石硫合剂及其他无机铜、无机硫制剂的不合理使用所致的。油溶性过强的药剂也易造成叶部灼烧干枯状药害。在不同的农药剂型中，易造成药害的排列顺序为：油剂＞乳油＞水剂＞可湿性粉剂＞粉剂＞颗粒剂。②农药的不合理使用：如混用不当，剂量过大，施用不均匀，间隔时间短，以及在植物敏感期使用等。③农药质量方面的问题：如药剂变质，杂质过多，添加剂、助剂的用量不准或偏小或偏大，影响了乳化性能或喷雾质量，甚至理化性状改变。

（2）植物方面的因素。不同作物的抗药性不同。一般来说，禾本科、蔷薇科、芸香科、十字花科、茄科、百合科等蔬菜的抗药性较强，而葫芦科（如瓜类）、豆科、核果类等作物较易产生药害。各种花卉的开花期对农药敏感，用药要慎重。同一作物不同的发育阶段抗药性不一样。一般以芽期、幼苗期、花期、孕穗期以及嫩叶期、幼果期对药剂比较敏感并易产生药害。作物的生理状态不同，其耐药性也不同。如冬季休眠期作物的耐药性强，而在夏季生长期的耐药性就大为降低，较易产生药害。有些作物对某些农药特别敏感，容易产生药害。如双子叶植物对2,4-滴（2,4-D）敏感；白菜对波尔多液等含铜制剂敏感；豆类等对敌敌畏敏感，误用这些农药必然产生药害。黄瓜生产中常遭遇漂移性药害。药液雾滴无意中飘落在黄瓜的枝蔓、茎叶上，就会产生疑似病毒病的蕨叶，幼嫩叶片纵向扭曲畸形、脆叶。

（3）环境方面的因素。①温度：高温下作物代谢旺盛，药物的活性也强，易侵入植物组织而引起药害。②光照：光照和温度直接相关，故强光照也是造成药害的重要原因。③湿度：湿度过大，某些药剂也易引起药害，如波尔多液在多雾天、露水大时施用就易导致药害。④土壤理化性质：砂土地、贫瘠地、有机质含量少的地块由于作物长势弱、抗逆性差而导致药害，特别是这类田块的土壤对药剂的吸附性差，施用除草剂或用杀虫、杀菌剂处理土壤时更易出现药害。

61 如何预防药害?

预防药害的产生，关键在于科学、正确地掌握农药使用方法。在使用农药之前，应仔细阅读使用说明，特别是“注意事项”一栏，搞清其使用对象和防治对象、施用方法、施药量、施药时间等，再结合药剂的特性及当地的使用习惯和试验数据，搞清药剂的“安全系数”来决定最大使用剂量。

62 如何消除药害?

（1）清水冲洗。由于叶面和植株喷洒某种农药后产生的药害，在发现早期，迅速用大量清水喷洒受药害的作物叶面，反复喷洒清水2～3次，尽量把植株表面上的药物洗刷掉，并增施磷钾肥，中耕松土，促进根系发育，以增强作物的恢复能力。

（2）喷药中和。如药害为酸性农药造成的，可撒施一些生石灰或草木灰。药害较强的还可用1%的漂白粉液叶面喷施。对碱性农药引起的药害，可增施硫酸铵等酸性肥料。如药害造成叶片白化时，可用粒状50%腐植酸钠3000倍液进行叶面喷雾，或将50%腐植酸钠配成5000倍液进行浇灌，药后3～5天叶片会逐渐转绿。如因波尔多液中的铜离子产生的药害，可喷0.5%～1%石灰水解除。如受石硫合剂的药害，在水洗的基础上喷400～500倍的米醋液，可减轻药害。因多效唑抑制过重，可适当喷施0.005%“九二〇”溶液缓解。一般采用下列农药可消除和缓解其他农药药害：抗病威或病毒K、天然芸薹素、惠满丰、蔬菜灵和植物多效生长素等。

(3) 迅速追施速效肥。作物发生药害后生长受阻，长势弱，及时补氮、磷、钾或有机肥，可促使受害植株恢复。无论何种药害，叶面喷施0.1%～0.3%磷酸二氢钾溶液，或用0.3%尿素液加0.2%磷酸二氢钾液混喷，每隔5～7天1次，连喷2～3次，均可显著降低药害造成的损失。

(4) 加强栽培与管理。一是适量除去受害已枯死的枝叶，防止枯死部分蔓延或受到感染；二是中耕松土，深度10～15cm，改善土壤的通透性，促进根系发育，增强根系吸收水肥的能力；三是搞好病虫害防治。

(5) 耕翻补种。若是药害严重，植株大都枯死，待药性降解后，犁翻土地重新再种。若是局部发生药害，先放水冲洗，局部耕耘补苗，并施速效氮肥。中毒严重的田块，先曝晒，再洗药，后耕翻，待土壤残留农药无影响时，再种其他作物。

63 什么是农药的安全间隔期?

指最后一次施药至放牧、收获（采收）、使用、消耗作物前的时期，自喷药后到残留量降到最大允许残留量所需间隔时间。在果园中用药，最后一次喷药与收获之间必须大于安全间隔期，以防人畜中毒。

64 农药标签的内容有哪些?

农药标签是贴在或印制在农药包装上，介绍农药产品性能特点、使用方法、防治对象、毒性、注意事项、生产厂家等内容的文字、图形或技术资料。根据我国农药登记管理部门的规定和要求，农药标签的内容如下。

农药名称。包括有效成分的通用名、百分含量和剂型。进口农药要有中文名字。

净重（克或千克）或净容量（毫升或升）。

农药三证。农药登记证、农药生产许可证或农药生产批准文件、农药产品质量标准证。

生产厂名、地址、邮编和电话等。

农药类别。如杀虫剂、除草剂、杀菌剂等。

使用说明。

禁用范围。

毒性标志和注意事项（安全间隔期、储存要求、生产日期和批号、有效期等）。

标签上的标志。

① 色带。按照我国农药登记规定，在标签下有一条与底边平行的不同颜色的色带，区别不同类型的农药。杀虫剂用红色表示，杀菌剂用黑色表示，除草剂用绿色表示，植物生长调节剂用深黄色表示，杀鼠剂用蓝色表示。

② 毒性标志。剧毒、高毒农药用骷髅骨和十字叉表示，并用红色注明“剧毒、高毒”。中等毒性用叉表示，并用红色注明“中等毒”。低毒只用红色注明“低毒”。

65 如何识别粉剂的真假?

(1) 观察法。粉剂的外观应为疏松的细粉，无团块。凡是流动性差，结成块状物，或手捏成团，不易散开，说明这些粉剂大多是存放时间过长或存放不当，造成减效或者失效。

(2) 吸湿性。测吸湿性之前，先查看粉剂包装纸袋外面有无潮湿情况，如果有，说明吸湿性大。然后从袋里取出一点药粉倒在一张白纸上，拿起白纸，用拇指和食指在纸外面轻捏，如果粘成一片表明这种药粉已吸潮，如果这种药粉用于喷粉，表明质量不好；如果仍旧是松散的细粉，表明质量合格。

(3) 悬浮法。取 1L 水，加入 10g 农药，搅拌 10min 后，静置，然后慢慢倾去上部 90%左右的溶液，将剩余溶液用已知重量的滤纸过滤，再将纸和沉淀物烘干，称其重量，求出悬浮率。

悬浮率(%)=(样品重－沉淀物重)/样品重×100

悬浮率在 30%以上为良好，证明可以使用。

66 如何识别可湿性粉剂的真假?

(1) 观察法。应为很细的疏松粉末，无团块。

(2) 湿润法。取清水 200mL，称取被检验的农药样品 1g，轻轻撒在水面上，如果在 1min 内农药能够全部进入水中，即为有效农药。如果长时间不能润湿而漂浮在水面上，则证明农药已经失效。

(3) 悬浮法。取清水 1 杯，加入 1g 被检验的农药样品，充分摇匀，静置 20～30min，观察药品悬浮情况。未变质农药，粉粒极细，沉淀慢而少，整个药液浊而不清；如果杯中少部分水清澈，大部分浑浊，则还可使用；如果样品沉淀快，而杯中大部分药液呈现半透明状，则不能使用。

(4) 沉淀法。取 50g 药剂，倒入瓶中，加入少量水，调成糊状，再加水搅拌，未变质的农药粉粒细，悬浮性好，沉淀慢而少，已变质的农药悬浮性不好，沉淀快而多。

67 如何识别乳油的真假?

(1) 振荡法。查看农药瓶内有无分层现象，如有分层，出现上面浮油，下面沉淀，说明乳化性能降低，用力振荡，静置 1h，如果仍然分层，说明农药已经变质。

(2) 对水法。取清水 1kg 放在玻璃瓶中，轻轻加入 1mL 待检验的乳油农药，乳化性能好的呈放射状向四周扩散，静置 12h 后，水面无浮油，水底无沉淀，呈乳白色液体，且均匀一致，则为正常乳油。如果表面有浮油或瓶底有沉淀，则说明药剂已变质。

(3) 加热法。先把有沉淀的农药连瓶放在 50～55℃的热水中，1h 后，沉淀能慢慢溶化，均匀一致，药效一般不减。如果农药的沉淀物不溶化，则农药已经变质失效。

68 如何识别悬浮剂的真假？

悬浮剂应为略带黏稠的、可流动的悬浮液，其黏度非常小，均匀。若因长时间存放出现分层，经手摇动可恢复均匀状态的，仍可视为合格产品。如果不能重新变成均匀的悬浮液，底部沉淀物摇不起来，悬浮性能不好。

69 浓度常用表示方法有哪些？

百分比浓度。100 份药液或药粉中含纯药的份数，用%表示。如 5%康宽悬浮剂，即 100 份悬浮剂中含有康宽有效成分 5 份。

倍数法。稀释倍数可用内比法和外比法来计算。内比法适用于稀释倍数小于 100 的情况，计算时要扣除原药所占的一份，如用一些乳油喷雾需稀释 50 倍，应取 49 份水加入一份药剂中；外比法适用于稀释倍数大于 100 的情况，计算时一般不扣除原药所占的一份，如稀释 500 倍时，则将一份药剂加入到 500 份水中即可，不必扣除原药所占的一份。

百万分浓度。即 100 万份药液或药粉中，含纯药的份数，用 ppm 表示。

70 不同浓度表示法之间怎样做换算？

（1）百万分浓度和百分浓度的换算

换算公式：百万分浓度（ppm）＝百分浓度×1000000

例如：当药液浓度是 0.5%时，该药剂的百万分浓度是多少？

0.5%＝1000000×0.5%＝5000ppm

（2）倍数法与百分浓度之间的换算

换算公式：百分浓度＝原药浓度/稀释倍数

例如：50%敌敌畏乳油稀释 1000 倍后，它的百分浓度是多少？

百分浓度＝50%/1000＝0.05%

71 浓度如何稀释和计算？

倍数稀释计算法（对水稀释计算）的公式如下。

内比法计算公式：稀释剂（水）的重量＝原药重量×（稀释倍数－1）

外比法计算公式：稀释剂（水）的重量＝原药重量×稀释倍数

（1）求稀释剂的重量

例 1：把 1kg 百菌清稀释 90 倍，需加水多少千克？

稀释剂（水）的重量＝1kg×（90－1）＝89kg

例 2：稀释 100g 5%功夫菊酯乳油 1500 倍，需加水多少千克？

稀释剂（水）的重量＝100g×1500＝150kg

（2）求农药原液（粉）的重量

例：配制 15kg（喷雾器容量）5%功夫菊酯乳油 1500 倍，需要量取多少 5%功夫菊酯乳油？

原药液重量＝15kg/1500＝0.01kg＝10g

即配制每桶药液，需要量取 10g 5%功夫菊酯乳油。

第二章

杀虫剂知识

72 什么是杀虫剂?

主要用于防治农业害虫和城市卫生害虫的药剂。

杀虫剂
- 胃毒剂
- 触杀剂
- 内吸剂
- 熏蒸剂
- 拒食剂
- 趋避剂
- 引诱剂

73 什么是胃毒剂?

被昆虫取食后经肠道吸收进入体内，到达靶标才起到毒杀作用的药剂。

74 什么是触杀剂?

接触到昆虫体（常指昆虫的表皮）后便可起到毒杀作用的药剂。

75 什么是熏蒸剂?

以气体状态通过昆虫的呼吸器官进入体内，从而引起昆虫中毒死亡的药剂。

76 什么是内吸剂?

被植物体（包括根、茎、叶及种、苗等）吸收，并可传导运输到其他部位组织，使害虫吸食或接触后中毒死亡的药剂。

77 什么是拒食剂?

可影响昆虫的味觉器官，使其厌食、拒食，最后因饥饿、失水而逐渐死亡，或因摄取营养不足而不能正常发育的药剂。

78 什么是驱避剂？

依靠其物理、化学作用（如颜色、气味等）使害虫忌避或发生转移、潜逃现象，从而达到保护寄主植物或特殊场所目的的药剂。

79 什么是引诱剂？

依靠其物理、化学作用（如光、颜色、气味、微波信号等）可将害虫诱聚而利于歼灭的药剂。

80 捕食性天敌昆虫有哪些？

属天敌生物农药。指专门以其他昆虫或动物为食物的昆虫。这类天敌直接蚕食虫体的一部分或全部；或者刺入害虫体内吸食害虫体液使其死亡。目前国内广泛应用的主要有捕食螨、草蛉、瓢虫等。

（1）瓢虫。捕食蚜虫、介壳虫、粉虱和叶螨，有的还捕食鳞翅目昆虫的卵和低龄幼虫。我国利用的有澳洲瓢虫、孟氏隐唇瓢虫、七星瓢虫、龟纹瓢虫、异色瓢虫、多异瓢虫、黑襟毛瓢虫、深点食螨瓢虫、大红瓢虫、腹管食螨瓢虫等。

（2）草蛉。捕食蚜虫、粉虱、螨类、棉铃虫等多种农业害虫。草蛉科分为三个亚科，即网蛉亚科、幻蛉亚科和草蛉亚科。

（3）蚂蚁。有些对人类有害，但多数蚂蚁直接或间接对人有益，可捕食多种害虫。我国对蚂蚁的利用：黄猄蚁防治柑橘害虫；红蚂蚁防治甘蔗害虫；利用多种蚂蚁防治松毛虫。

（4）农田蜘蛛。80%左右的蜘蛛可见于农田、森林、果园、茶园和草原之中，成为这些生态系统中的重要组成部分和害虫的重要天敌。

81 寄生性天敌昆虫有哪些？

有5个目90多个科，其中最重要的是寄生蜂、寄生蝇两大类。

寄生蜂如赤眼蜂、黑卵蜂、蜂、小茧蜂和金小蜂等。赤眼蜂和黑卵蜂寄生在昆虫卵里。以寄主卵里的营养物质为食物，发育长大，而害虫的卵再也不能孵化为幼虫。

蜂和小茧蜂是寄生在鳞翅目害虫幼虫身上的寄生蜂。当蜂一接触寄主幼虫，寄主幼虫就不断转动头和胸部，用头撞击蜂，嘴里还吐出一股带泡沫的绿水，还有的吐丝下垂或蜷缩落地翻滚。而小茧蜂幼虫是钻入害虫幼虫体内寄生，叫做内寄生。到害虫幼虫化蛹前，小茧蜂的幼虫已经老熟，白白的幼虫就从害虫幼虫身体里钻出来结茧化蛹。此时，害虫的幼虫奄奄一息。

金小蜂是寄生在鳞翅目昆虫的蛹上，如菜粉蝶的蛹。金小蜂把卵产在菜粉蝶的蛹上，卵孵化为幼虫就钻入蛹内寄生，发育成长。当蛹内金小蜂幼虫老熟后也在蛹内化蛹，然后羽化为成虫。菜粉蝶的蛹再也不能羽化为成虫。

寄生蜂很多，并且能寄生于害虫的卵、幼虫和蛹等，在帮助人类消灭害虫上起到很大作用。

寄生蝇把卵产在害虫幼虫身上，卵孵化幼虫后钻入害虫体内寄生。幼虫成熟后，从害虫幼虫身上钻出，钻入泥土中化蛹。导致害虫幼虫死亡。

82 杀虫剂进入昆虫体内的途径有哪些?

杀虫剂施用后，可从昆虫的口腔、体壁及气门部位进入昆虫体内。

83 有机磷杀虫剂的特点是什么?

(1) 理化性质。有机磷原药多为油状液体，在常温下蒸气压很低。大多数不溶于水或微溶于水，而溶于一般有机溶剂。

(2) 药效高，大多为广谱杀虫剂，作用方式多种多样。大多数有机磷杀虫剂具有多种杀虫作用方式，故杀虫范围广，能同时防治并发的多种害虫。

(3) 作用机制。抑制体内神经中的乙酰胆碱酯酶（AChE）或胆碱酯酶（ChE）的活性而破坏了正常的神经冲动传导，引起了一系列急性中毒症状：异常兴奋、痉挛、麻痹、死亡。

(4) 持效期一般较短。品种之间差异甚大。有的施药后数小时至2～3天完全分解失效，如辛硫磷、敌敌畏等；有的品种因植物的内吸作用可维持较长时间的药效，有的甚至能达1～2个月以上，如甲拌磷。由于持效期有长有短，为合理选用适当品种提供了有利条件。

(5) 人畜中毒，应先行催吐，立即静脉注射或口服阿托品，再送医救治。

(6) 绝大多数有机磷杀虫剂在碱性条件下易分解，因此，不能与碱性物质混用。

84 有机磷杀虫剂有哪些结构类型?

(1) 磷酸酯类$(RO)_2P(O)—OR'$：如敌敌畏。

(2) 一硫代磷酸酯$(RO)_2P(S)—OR'$：如对硫磷、甲基对硫磷。

(3) 二硫代磷酸酯$(RO)_2P(S)—SR'$：如马拉硫磷。

(4) 膦酸酯类$(RO)_2P(O)—R'$：如敌百虫。

(5) 硫代膦酸酯$(RO)_2P(S)—R'$：苯硫磷。

(6) (硫代) 磷酰胺类：乙酰甲胺磷。

(7) 不对称结构：如丙溴磷、甲丙硫磷。

(8) 杂环类硫代磷酸酯：如毒死蜱。

85 氨基甲酸酯杀虫剂的特点是什么?

(1) 一般对螨类、潜叶虫、介壳虫等效果差，但能有效地防治叶蝉、飞虱、蓟马、棉蚜、棉铃虫、棉红铃虫、玉米螟以及对有机磷类药剂产生抗性的一些害虫。

（2）多数氨基甲酸酯杀虫剂具有胃毒、触杀作用。

（3）大部分氨基甲酸酯比有机磷杀虫剂毒性低，对鱼类比较安全，但对蜜蜂具有较高毒性。

（4）有些氨基甲酸酯杀虫剂与有机磷杀虫剂混合，乙酰胆碱酯酶的作用部位被氨基甲酸酯分子占据后与有机磷竞争 AChE，降低有机磷作用于 AChE 不可逆反应的程度，从而产生拮抗作用。除虫菊酯的增效剂（如芝麻素、氧化胡椒基丁醚）能够抑制虫体对氨基甲酸酯杀虫剂的解毒代谢酶的能力，对氨基甲酸酯有显著的增效作用。

（5）氨基甲酸酯杀虫剂遇碱易分解，不能和碱性农药混合使用。

（6）该类药剂和有机磷类似，一般温度高时，毒性更大些。

86 氨基甲酸酯杀虫剂有哪些结构类型？

（1）二甲基氨基甲酸酯。这类化合物都是杂环或碳环的二甲基氨基甲酸衍生物，在酯基中都含有烯醇结构单元，氮原子上的两个氢均被甲基取代。品种如地麦威、吡唑威、异索威、敌蝇威和抗蚜威等。

（2）甲基氨基甲酸芳酯。这类氨基甲酸酯杀虫剂是市场上品种最多的一类，氮原子上一个氢被甲基取代，芳基可以是对、邻和间位取代的苯基、萘基和杂环等。品种如甲萘威（西维因）、仲丁威、灭害威、残杀威、除害威、速灭威、害扑威、叶蝉散和克百威等。

（3）甲基氨基甲酸肟酯。将肟酯基引入，使此类化合物变得高效高毒。在这类化合物中，烷硫基是酯基中的重要单元。品种如涕灭威、灭多威、棉果威、杀线威和抗虫威等。

（4）酰基（或羟硫基）*N*-甲基氨基甲酸酯。主要是在第二、三类化合物的基础上进行改进并使之低毒化的品种。在结构上，氮原子上余下的一个氢原子被酰基、磷酰基、羟硫基、羟亚硫酰基等基团取代，造成在昆虫和哺乳动物中不同的代谢降解途径，以提高其选择性。品种如呋线威、棉铃威和磷亚威等。

87 拟除虫菊酯类杀虫剂的特点是什么？

（1）广谱。对绝大多数农林害虫、仓储害虫、畜牧害虫、卫生害虫都有良好的防效。但大多数品种对植食性螨类以及介壳虫类的防效较差。

（2）具有强大的触杀和胃毒作用，无内吸作用。以叶面喷洒为主，很少做土壤处理或种子处理。

（3）高效，速效。击倒速度较快，毒力比常用杀虫剂提高 1～2 个数量级，是目前毒力最高的一类杀虫剂。

（4）作用机理。该类药剂就是破坏神经元轴突的离子通道，扰乱钠离子的进出，导致其神经功能紊乱，中毒死亡。

（5）大多属于中毒或低毒，对哺乳动物毒性低，加之单位面积用药量小，因而使用安全。

（6）由于结构大多属酯、醚，在生物体内及环境中易降解，加之单位面积用药量小，正常使用情况下不致污染环境。

（7）缺点是对鱼毒性高，对某些益虫也有伤害，长期重复使用会导致害虫产生抗药性。

88 沙蚕毒素杀虫剂的特点是什么？

（1）杀虫谱广。用于防治水稻、蔬菜、甘蔗、果树等多种作物上的多种食叶害虫、钻蛀性害虫，有些品种对蚜虫、叶蝉、飞虱、蓟马、螨类等也有良好的防治效果。

（2）多种杀虫作用。对害虫具有很强的触杀和胃毒作用，还具有一定的内吸和熏蒸作用，有些品种还有拒食作用。对成虫、幼虫、卵有杀伤力，既有速效性，又有较长的持效性，因而在田间使用时，施药适期长，防治效果稳定。

（3）作用机制特殊。作用部位是胆碱能突触，阻遏神经正常传递而使害虫的神经对外来刺激不产生反应，当害虫接触或取食药剂后，虫体很快呆滞不动、瘫痪，直至死亡。但虫体中毒后没有痉挛或过度兴奋的症状。与有机磷、氨基甲酸酯、拟除虫菊酯等杀虫剂无交互抗性。

（4）低毒低残留。对人畜、鸟类、鱼类及水生动物的毒性均在低毒和中等毒范围内，使用安全。对环境影响小，施用后在自然界容易分解，不存在残留毒性。

（5）品种。如杀螟丹、杀虫磺、杀虫双、杀虫单等多种沙蚕毒素类似物。

89 新烟碱类杀虫剂的特点是什么？

（1）新烟碱类杀虫剂是烟碱乙酰胆碱受体激动剂，能够阻断昆虫中枢神经系统正常传导而使害虫死亡。

（2）不仅具有高效、广谱及良好的根部内吸性、触杀和胃毒作用，而且对哺乳动物毒性低，对环境安全。

（3）可有效防治同翅目、鞘翅目、双翅目和鳞翅目等害虫，对用传统杀虫剂防治产生抗药性的害虫也有良好的活性。

（4）既可用于茎叶处理，也可用于土壤、种子处理。

（5）部分品种对蜜蜂高毒。

（6）品种有吡虫啉、啶虫脒、噻虫嗪、烯啶虫胺、呋虫胺、噻虫啉、氯噻啉、噻虫胺、哌虫啶。

90 什么是昆虫生长调节剂？

指通过扰乱昆虫的生理功能，如昆虫蜕皮发育变态或者干扰生殖功能等最终达到控制害虫目的的一类化合物。这类杀虫剂包括保幼激素类似物、蜕皮激素类似物和几丁质合成抑制剂等。

91 保幼激素及类似物是什么？

保幼激素是昆虫在发育过程中由咽侧体分泌的一种激素。在幼虫期，使幼虫蜕皮后仍保持幼虫状态；在成虫期，有控制性的发育、产生性引诱、促进卵子成熟等作用。保幼激素类似物是与保幼激素化学结构相似且有类似生理活性的人工合成的化学物质，如烯虫酯、烯虫硫酯、烯虫乙酯、烯虫炔酯、双氧威、吡丙醚和哒幼酮等。

92 蜕皮激素及类似物是什么？

蜕皮激素是由前胸腺分泌的能调节节肢动物昆虫纲、甲壳纲等动物蜕皮的激素。蜕皮激素类似物是根据蜕皮激素仿生合成的一类化学物质，该类化合物含双酰肼结构。如抑食肼、虫酰肼、甲氧虫酰肼、呋喃虫酰肼、环虫酰肼等。

93 几丁质合成抑制剂及品种有哪些？

苯甲酰脲类抑制剂以其独特的作用机制，极高的环境安全性，对非靶生物具有较高的选择性、使用浓度极低、降解速度快等优点，被列为特异性昆虫生长调节剂。在幼虫期施用，使害虫新表皮形成受阻，延缓发育，或缺乏硬度，不能正常蜕皮而导致死亡或成畸形蛹死亡。它们是几丁质抑制剂中发展最早、成熟品种最多的一类药剂，商品化品种有除虫脲、灭幼脲、氟虫脲、氟啶脲、氟铃脲、杀铃脲、氟苯脲、灭蝇胺等。

94 鱼尼汀受体激活剂的特点是什么？

分为两类，邻苯二甲酰胺类和邻氨基苯甲酰胺类化合物。作用机理是通过使鱼尼汀受体的钙离子释出，导致昆虫肌肉异常收缩，进而影响昆虫一系列变化（虫体收缩、呕吐、脱粪等）而致死。商品化品种有氟虫双酰胺、氯虫苯甲酰胺、溴氰虫酰胺。

特点：该类药剂对鳞翅目害虫广谱，对部分非鳞翅目害虫也有特效；持效性长，对环境友好，极耐雨水冲刷，与现有杀虫剂无交互抗性。

95 阿维菌素的特点及防治对象是什么？

又称爱福丁。对螨类和昆虫具有胃毒和触杀作用，不能杀卵。作用机制是干扰神经生理活动，刺激释放 γ-氨基丁酸，而氨基丁酸对节肢动物的神经传导有抑制作用。螨类成虫、若虫和昆虫幼虫与阿维菌素接触后即出现麻痹症状，不活动、不取食，2～4 天后死亡。因不引起昆虫迅速脱水，所以阿维菌素的致死作用较缓慢。用于防治蔬菜、果树等作物上的小菜蛾、菜青虫、黏虫、跳甲等多种害虫，尤其是对其他农药产生抗性的害虫尤为有效。对线虫、昆虫和螨虫均有触杀作用，用于治疗畜禽的线虫病、螨和寄生性昆虫病。对蚕高毒，桑叶喷药后毒杀蚕作用明显。

96 胺菊酯的特点及防治对象是什么？

低毒杀虫剂，作用于昆虫的中枢神经系统。对蚊、蝇等卫生害虫具有快速击倒效果，但致死性能差，有复苏现象，因此要与其他杀虫效果好的药剂混配使用。该药对蜚蠊具有一定的驱赶作用，可使栖居在黑暗处的蜚蠊，在胺菊酯的作用下，跑出来被其他杀虫剂毒杀而致死。

97 苯醚菊酯的特点及防治对象是什么？

又称速灭灵。非内吸性杀虫剂，对昆虫具有触杀和胃毒作用，杀虫作用比除虫菊素高，但对害虫的击倒作用要比其他除虫菊酯差。适用于防治卫生害虫和体虱，也可用于保护储存的谷物。适用于防治家庭、公共场所、工业区的苍蝇、蚊虫、蟑螂等卫生害虫。

98 苯氧威的特点及防治对象是什么？

又称虫净、蓟危。具有胃毒和触杀作用，杀虫谱广；表现为对多种昆虫有强烈的保幼激素活性，杀虫专一，能使昆虫无法蜕皮变态而逐渐死亡，并能抑制成虫期变态，从而造成后期或蛹期死亡。有较强的杀卵作用，从而减少虫口数。宜在幼虫早期使用。防治木虱、蚧类、卷叶蛾、松毛虫、美国白蛾、尺蠖、杨树舟蛾、苹果蠹蛾、双翅目（包括蚊、虻、蝇类，以及在农业上常见的韭蛆、潜叶蝇）、鞘翅目（如各种危害粮食的甲虫）、同翅目（如叶蝉、稻褐飞虱、蚜虫、粉蚧）、鳞翅目（如小菜蛾、苹果金纹细蛾、旋纹潜叶蛾及各种小食心虫、亚洲玉米螟）、异亚翅目、缨翅目（如蓟马）、脉翅目（如大草蛉）、啮虫目的五十多种害虫及一些蜱螨、线虫。

99 吡丙醚的特点及防治对象是什么？

又称灭幼宝、蚊蝇醚。具有抑制蚊、蝇幼虫化蛹和羽化作用，是保幼激素类型的几丁质合成抑制剂。具有高效、用药量少、持效期长、对作物安全、对鱼类低毒、对生态环境影响小的特点。防治同翅目（烟粉虱、温室白粉虱、桃蚜、矢尖蚧、吹绵蚧和红蜡蚧等）、缨翅目（棕榈蓟马）、鳞翅目（小菜蛾）、啮虫目（嗜卷书虱）、蜚蠊目（德国小蠊）、蚤目（跳蚤）、鞘翅目（异色瓢虫）、脉翅目（中华通草蛉）等昆虫，对粉虱、介壳虫和蜚蠊具有特效。

100 吡虫啉的特点及防治对象是什么？

又称大功臣、一遍净。害虫接触药剂后，中枢神经正常传导受阻，使其麻痹死亡。具有广谱、高效、低毒、低残留，害虫不易产生抗性，对人、畜、植物和天敌安全等特点，并有触杀、胃毒和内吸等多重作用。用于防治刺吸式口器害虫及其抗性品系。产品速效性好，药后1天即有较高的防效，残留期长达25天左右。温度越高，杀虫效果越好。对刺吸式口器害虫高效，如蚜虫、叶蝉、飞虱、蓟马、粉虱及其抗性品系。对鞘翅目、双翅目和鳞翅目害虫也有效。对线虫和红蜘蛛无活性。直接接触对蜜蜂有毒。

101 吡蚜酮的特点及防治对象是什么？

具有触杀作用，同时还有内吸活性。非灭生性杀虫剂。作用于害虫内血流中胺[5-羟色胺（血管收缩素），血清素]信号传递途径，从而导致类似神经中毒的反应，取食行为的神经中枢被抑制，通过影响流体吸收的神经中枢调节而干扰正常的取食活动。此外，小麦蚜虫、水稻飞虱接触药剂即产生口针阻塞效应，停止取食，丧失对植物的危害能力，并最终饥饿至死，而且此过程不可逆转。在植物体内既能在木质部输导，也能在韧皮部输导；既可用作叶面喷雾，也可用于土壤处理。由于其良好的输导特性，在茎叶喷雾后新长出的枝叶也可以得到有效保护。对多种作物的刺吸式口器害虫表现出优异的防治效果，如蚜科、飞虱科、叶蝉科、粉虱科害虫等。应用于蔬菜、园艺作物、棉花、大田作物、落叶果树、柑橘等防治蚜虫、粉虱和叶蝉等害虫有特效。对水蚤有轻微毒性。

102 丙硫磷的特点及防治对象是什么？

又称丙虫硫磷。具有触杀和胃毒作用，无内吸性。丙硫磷对鳞翅目害虫幼虫有特效。尤其是对氨基甲酸酯和其他有机磷杀虫剂产生交抗的蚜类、蓟马、粉蚧、卷叶虫类和蠕虫类有良好的效果，对多抗性品系的家蝇有较好的杀灭活性，对蚊子、地下害虫的幼虫亦有明显的活性。防治水稻二化螟、三化螟、棉铃虫、玉米螟、马铃薯块茎蛾、甘薯夜蛾、梨小食心虫、烟青虫、白粉蝶、小菜蛾、菜蚜等作物害虫；也可用于防治土壤害虫及蚊、蝇等卫生害虫。对钻蛀性和潜叶性害虫无效。

103 丙溴磷的特点及防治对象是什么？

又称多虫清。抑制乙酰胆碱酯酶的活性，具有触杀和胃毒作用，无内吸作用。具有速效性，在植物叶上有较好的渗透性，同时具有杀卵作用。与拟除虫菊酯等农药复配，对害虫的防治效果更佳。能有效地防治棉花、果树、蔬菜作物上的害虫和害螨，如棉铃虫、烟青虫、红蜘蛛、棉蚜、叶蝉、小菜蛾等，尤其是对抗性棉铃虫的防治效果显著。

104 残杀威的特点及防治对象是什么？

又称残虫畏。具有触杀、胃毒和熏蒸作用，无内吸作用，且击倒快、致死率高、持效期长等。防治水稻螟虫、稻叶蝉、稻飞虱、棉蚜、果树介壳虫、锈壁虱、杂粮害虫、体外寄生虫、家庭卫生害虫（蚊、蝇、蟑螂等）和仓储害虫等。

105 虫酰肼的特点及防治对象是什么？

又称米满、抑虫肼，是促进鳞翅目幼虫蜕皮的新型仿生杀虫剂。作用于昆虫蜕皮激素受体，引起昆虫幼虫早熟，提早蜕皮致死，或形成畸形蛹和畸形成虫，引起化学绝育。防治鳞翅目害虫，如甜菜夜蛾、菜青虫、甘蓝夜蛾、卷叶蛾、玉米螟、松毛虫、美国白蛾、天幕毛虫、舞毒蛾、尺蠖类等多种害虫。虫酰肼对卵的效果差，在幼虫发生初期施药效果好。对蚕高毒，不能在桑蚕养殖区用药。

106 除虫脲的特点及防治对象是什么？

又称灭幼脲Ⅰ号。抑制昆虫几丁质的合成。抑制幼虫、卵、蛹表皮几丁质的合成，使昆虫不能正常蜕皮，虫体畸形而死亡。害虫取食后造成积累性中毒，由于缺乏几丁质，幼虫不能形成新表皮，蜕皮困难，化蛹受阻；成虫难以羽化、产卵；卵不能正常发育，孵化的幼虫表皮缺乏硬度而死亡，从而影响害虫整个世代。以胃毒作用为主，兼有触杀作用。残效期较长，但药效速度较慢。防治鳞翅目害虫，如甜菜夜蛾、菜青虫、甘蓝夜蛾、卷叶蛾、玉米螟、松毛虫、美国白蛾、天幕毛虫、舞毒蛾、尺蠖类等多种害虫。不宜在害虫高、老龄期施药，应在幼虫低龄期或卵期施药。对甲壳类（虾、蟹幼体）有害，应注意避免污染养殖水域。

107 哒嗪硫磷的特点及防治对象是什么？

又称杀虫净、苯哒嗪。高效、低毒、低残留、广谱性有机磷杀虫剂。具有触杀和胃毒作用，无内吸作用。对多种刺吸式口器和咀嚼式口器害虫有较好的防治效果。防治水稻螟虫及水稻二化螟、三化螟、稻纵卷叶螟、稻飞虱、稻叶蝉、稻蓟马和棉花红蜘蛛及棉蚜、红铃虫、棉铃虫等。对蔬菜、小麦、油料、杂粮、果树、森林等作物上的多种害虫也有良好的防治效果。

108 稻丰散的特点及防治对象是什么？

又称爱乐散。广谱性有机磷杀虫、杀卵、杀螨剂。作用机制为抑制乙酰胆碱酯酶。以触杀为主，具有一定的胃毒作用，速效性较好，可防治多种咀嚼式、刺吸式口器害虫。防治水稻上的二化螟、三化螟、稻纵卷叶螟、稻飞虱、叶蝉、蚜虫、负泥虫、蝗虫等效果很好。

109 敌百虫的特点及防治对象是什么？

又称荔虫净。高效、低毒、低残留、广谱性杀虫剂，以胃毒为主，兼有触杀作用，也有渗透活性。有机磷杀虫剂，是乙酰胆碱酯酶抑制剂。它能抑制昆虫体内胆碱酯酶的活性，使释放的乙酰胆碱不能及时分解破坏而大量蓄积，以致引起虫体中毒。可作为昆虫杀虫剂及抗寄生虫药物。防治黏虫、水稻螟虫、稻飞虱、稻苞虫、棉花红铃虫、象鼻虫、叶蝉、棉金刚钻、玉米螟虫、蔬菜菜青虫、菜螟、斜纹夜蛾以及家蝇、臭虫、蟑螂等。对高粱、大豆、瓜类作物有药害。喷药后不能用肥皂或碱水洗手、脸，以免增加毒性，可用清水冲洗。

110 丁虫腈的特点及防治对象是什么？

阻碍昆虫 γ-氨基丁酸受体的氯离子通道，抑制动物的神经传导。丁虫腈（丁烯氟虫腈）对鳞翅目等多种害虫具有较高的活性，如菜青虫、小菜蛾、螟虫、黏虫、褐飞虱、叶甲等，特别是对水稻、蔬菜害虫的活性显现了与锐劲特同等的效力。用于防治稻纵卷叶螟、稻飞虱、二化螟、三化螟、蝽象、蓟马等鳞翅目、蝇类和鞘翅目害虫。

111 丁硫克百威的特点及防治对象是什么？

又称好年冬。高效、广谱、内吸性杀虫、杀螨剂，是克百威低毒化品种。用于防治柑橘、果树、棉花、水稻作物上的蚜虫、螨、金针虫、马铃薯甲虫、梨小食心虫、苹果卷叶蛾及其他多种经济作物上的锈壁虱、蚜虫、蓟马、叶蝉等十多种害虫。

112 啶虫丙醚的特点及防治对象是什么？

对蔬菜和棉花上广泛存在的鳞翅目害虫具有卓越的活性，对抗性小菜蛾效果好。持效期为7天左右，耐雨水冲刷效果好。用于防治为害作物的鳞翅目幼虫。对鱼为高毒，对家蚕为中等毒性。

113 啶虫脒的特点及防治对象是什么？

又称吡虫清。作用于昆虫神经系统突触部位的烟碱乙酰胆碱受体，干扰昆虫神经系统的刺激传导，引起神经系统通路阻塞，造成神经递质乙酰胆碱在突触部位的积累，从而导致昆虫麻痹，最终死亡。具有触杀、胃毒作用，同时有较强的渗透作用，速效性好，持效期长。防治水稻、蔬菜、果树、茶树上的蚜虫、飞虱、蓟马及鳞翅目等害虫。用颗粒剂做土壤处理，可防治地下害虫。

114 毒死蜱的特点及防治对象是什么？

又称乐斯本。广谱有机磷杀虫、杀螨剂，具有接触、胃毒和熏蒸作用，无内吸作用。主要抑制害虫体内的乙酰胆碱酯酶，使乙酰胆碱积累，影响神经传导而使虫体发生痉挛、麻痹、死亡。对多种咀嚼式、刺吸式口器害虫及地下害虫均有很好的防治效果，如棉蚜、棉红蜘蛛、棉铃虫、稻飞虱、稻叶蝉、小麦黏虫、玉米螟、菜青虫、小菜蛾、斑潜蝇、茶毛虫、柑橘落叶蛾以及根蛆、蝼蛄、蛴螬、地老虎等。

115 多杀菌素的特点及防治对象是什么？

又称菜喜。作用机制是通过刺激昆虫的神经系统，增加其自发活性，导致非功能性的肌收缩、衰竭，并伴有颤抖和麻痹，显示出烟碱型乙酰胆碱受体被持续激活引起乙酰胆碱延长释放反应。此外，同时也作用于γ-氨基丁酸受体，进一步促成其杀虫活性的提高。多杀菌素的土壤光降解半衰期为9～10天，叶面光降解的半衰期为1.6～16天，而水光降解的半衰期则小于1天。能有效地控制鳞翅目（如小菜蛾、甜菜夜蛾等）、双翅目和缨翅目害虫，也可以很好地防治鞘翅目和直翅目中某些大量吞食叶片的害虫种类。不能有效地防治刺吸式昆虫和螨类。

116 二嗪磷的特点及防治对象是什么？

又称二嗪农、地亚农。广谱性杀虫剂，具有触杀、胃毒、熏蒸和一定的内吸作用，也有较好的杀螨与杀卵作用。能够抑制昆虫体内的乙酰胆碱酯酶合成，对鳞翅目、同翅目等多种害虫有较好的防效。防治刺吸式口器害虫和食叶害虫，如鳞翅目、双翅目幼虫、蚜虫、叶蝉、飞虱、蓟马、介壳虫、二十八星瓢虫、锯蜂等及叶螨，对虫卵、螨卵也有一定的杀伤效果。小麦、玉米、高粱、花生等拌种，可防治蝼蛄、蛴螬等土壤害虫。颗粒剂灌心叶，可防治玉米螟。乳油对煤油喷雾，可防治蜚蠊、跳蚤、虱子、苍蝇、蚊子等卫生害虫。

117 二溴磷的特点及防治对象是什么？

又称万丰灵。新型、高效、低毒、低残留的杀虫、杀螨剂。对昆虫具有触杀、熏蒸和胃毒作用，对家蝇的击倒作用强。无内吸性。主要用于防治卫生害虫，也可用于防治仓库害虫和农业害虫，效果与敌敌畏相似。用于防治蔬菜、果树等作物上的害虫。本品在豆类、瓜类作物上易引起药害，使用时应慎重。

118 呋虫胺的特点及防治对象是什么？

又称呋喃烟碱。具有触杀、胃毒作用和根部内吸性强、速效高、持效期长达3～4周、杀虫谱广等特点，且对刺吸式口器害虫有优异的防效。作用于昆虫神经传递系统，引起害虫麻痹而发挥杀虫作用。防治小麦、水稻、棉花、蔬菜、果树、烟叶等多种作物上的蚜虫、叶蝉、飞虱、蓟马、粉虱及其抗性品系，同时对鞘翅目、双翅目和鳞翅目害虫高效，并对蜚蠊、白蚁、家蝇等卫生害虫高效。

119 呋喃虫酰肼的特点及防治对象是什么？

又称福先、忠臣。通过抑制几丁质的合成，影响幼虫的正常蜕皮和发育，来达到杀虫的目的。该药剂具有胃毒、触杀和拒食等活性，无内吸性。害虫取食后，很快出现不正常蜕皮反应，停止取食，提早蜕皮，但由于非正常蜕皮而无法完成蜕皮，导致幼虫脱水和饥饿而死亡。对甜菜夜蛾、斜纹夜蛾、稻纵卷叶螟、二化螟、大螟、豆荚螟、玉米螟、甘蔗螟、棉铃虫、桃小食心虫、小菜蛾、潜叶蛾、卷叶蛾等全部鳞翅目害虫效果很好，对鞘翅目和双翅目害虫也有效。对水生甲壳类动物有毒，使用时，不要污染水源。该药对蚕高毒，桑园附近严禁使用。

120 伏虫隆的特点及防治对象是什么？

又称农梦特。通过抑制几丁质的合成，影响幼虫的正常蜕皮和发育，来达到杀虫的目的。具有胃毒、触杀作用，无内吸作用。对有机磷、拟除虫菊酯等产生抗性的鳞翅目和鞘翅目害虫有特效。对多种鳞翅目害虫活性很高，对粉虱科、双翅目、膜翅目、鞘翅目害虫的幼虫也有良好的防治效果，对许多寄生性昆虫、捕食性昆虫以及蜘蛛无效。对在叶面活动为害的害虫，应在初孵幼虫时喷药；对钻蛀性害虫，应在卵孵化盛期喷药。

121 氟胺氰菊酯的特点及防治对象是什么？

又称马扑立克。高效、广谱拟除虫菊酯类杀虫、杀螨剂，具有胃毒和触杀作用，对作物安全，残效期较长。防治棉铃虫、棉红铃虫、棉蚜、棉红蜘蛛、玉米螟、菜青虫、小菜蛾、柑橘潜叶蛾、茶毛虫、茶尺蠖、桃小食心虫、绿盲蝽、叶蝉、粉虱、小麦黏虫、大豆食心虫、大豆蚜虫、甜菜夜蛾等。

122 氟虫脲的特点及防治对象是什么？

又称卡死克。通过抑制几丁质的合成，使害虫不能正常蜕皮和变态而逐渐死亡。该药剂具有虫螨兼治、活性高、残效期长的特点，还有很好的叶面滞留性。有触杀和胃毒作用，但无内吸作用。对若螨效果好，不杀成螨，但雌成螨接触药后，产卵量减少，并造成不育或所产的卵不孵化。杀虫谱较广，对鳞翅目、鞘翅目、双翅目、半翅目、蜱螨亚纲等多种害虫有效。防治苹果叶螨、苹果越冬代卷叶虫、苹果小卷叶蛾、果树尺蠖、梨木虱、柑橘叶螨、柑橘木虱、柑橘潜叶蛾、蔬菜小菜蛾、菜青虫、豆荚螟、茄子叶螨、棉花叶螨、棉铃虫、棉红铃虫等，对捕食性螨和益虫安全。

123 氟虫酰胺的特点及防治对象是什么？

又称垄歌、氟虫双酰胺。激活鱼尼汀受体细胞内钙离子释放通道，导致储存钙离子的失控性释放。与现有杀虫剂无交互抗性，适宜于对现有杀虫剂产生抗性的害虫的防治。渗透植株体内后通过木质部略有传导。耐雨水冲刷。对几乎所有的鳞翅目类害虫均具有很好的活性，不仅对成虫和幼虫都有优良的活性，而且作用速度快、持效期长。对水稻二化螟和卷叶螟效果很好。没有杀卵作用。蜜源作物花期，蚕室桑园附近禁用。

124 氟啶虫胺腈的特点及防治对象是什么？

又称砜虫啶。作用于烟碱类乙酰胆碱受体（nAChR）内独特的结合位点而发挥杀虫功能。可经叶、茎、根吸收而进入植物体内。高效、快速并且持效期长。对非靶标节肢动物毒性低，是害虫综合防治的优选药剂。防治棉花盲蝽、蚜虫、粉虱、飞虱和介壳虫等所有刺吸式口器害虫。能有效防治对烟碱类、菊酯类，有机磷类和氨基甲酸酯类农药产生抗性的吸汁类害虫。

125 氟啶虫酰胺的特点及防治对象是什么？

具有触杀和胃毒作用，还具有很好的神经毒剂和快速拒食作用。对各种刺吸式口器害虫有效，并具有良好的渗透作用。它可从根部向茎部、叶部渗透，但由叶部向茎、根部渗透作用相对较弱。该药剂通过阻碍害虫吮吸作用而致效。害虫摄入药剂后很快停止吮吸，最后饥饿而死。防治棉蚜、粉虱、车前圆尾蚜、假眼小绿叶蝉、桃蚜、褐飞虱、小黄蓟马、麦长管蚜、蓟马、温室粉虱等。

126 氟啶脲的特点及防治对象是什么？

又称抑太保、定虫隆。阻碍害虫正常蜕皮，使卵孵化、幼虫蜕皮、幼虫发育畸形以及成虫羽化、产卵受阻，从而达到杀虫的效果。它是一种高效、低毒、与环境相容的农药品种。以胃毒作用为主，兼有较强的触杀作用，渗透性较差，无内吸作用。对多种鳞翅目害虫以及直翅目、鞘翅目、膜翅目、双翅目等害虫的杀虫活性高，但对蚜虫、飞虱无效。如十字花科蔬菜的小菜蛾、甜菜夜蛾、菜青虫、银纹夜蛾、斜纹夜蛾、烟青虫等，茄果类及瓜果类蔬菜的棉铃虫、甜菜夜蛾、烟青虫、斜纹夜蛾等，豆类蔬菜的豆荚螟、豆野螟等。适用于对有机磷类、拟除虫菊酯类、氨基甲酸酯类杀虫剂已产生抗性的害虫的综合治理。

127 氟铃脲的特点及防治对象是什么？

又称果蔬保。具有杀虫活性高、杀虫谱较广、击倒力强、速效等特点。主要是胃毒和触杀作用。害虫接触药剂后，不能在蜕皮时形成新表皮，虫体畸形而死亡，还能抑制害虫的进食速度。杀死害虫的速度比较慢。防治大田、蔬菜、果树和林区的黏虫、棉铃虫、棉红铃虫、菜青虫、苹果小卷蛾、墨西哥棉铃象、舞毒蛾、木虱、柑橘锈螨等，残效期12～15天。水面施药可防治蚊幼虫。也可用于防治家蝇、厩螫蝇。

128 氟氯氰菊酯的特点及防治对象是什么？

又称百树得。杀虫高效，对多种鳞翅目幼虫有很好的效果，亦可有效地防治某些地下害虫。以触杀和胃毒作用为主，无内吸及熏蒸作用。杀虫谱广，作用迅速，持效期长。具有一些杀卵活性，并对某些成虫有拒避作用。高效氟氯氰菊酯的杀虫活性比通常氟氯氰菊酯高1倍以上，使用时有效浓度为氟氯氰菊酯的1/2。对鳞翅目的多种幼虫及蚜虫等害虫有良好的效果，药效迅速，残效期长。对卫生害虫蚊、蝇有效。

129 氟氰戊菊酯的特点及防治对象是什么？

高效、广谱、快速、低残留、长残效的拟除虫菊酯类杀虫剂，兼有杀螨、杀蜱活性。以触杀和胃毒为主，无内吸作用。该药与其他菊酯类农药易产生交互抗性。用于棉花、蔬菜、果树等作物上防治鳞翅目、同翅目、双翅目、鞘翅目等多种害虫，对叶螨也有一定的抑制作用。

130 氟酰脲的特点及防治对象是什么？

又称双苯氟脲。具有触杀作用、胃毒作用和一定的杀卵活性，无内吸活性。调节昆虫的生长发育，抑制蜕皮变态，抑制害虫的取食速度。杀虫效果较为缓慢，具有很高的杀卵活性，对已经处于成虫阶段的害虫没有作用，对益虫相对安全。防治鳞翅目、鞘翅目、半翅目和双翅目幼虫、粉虱等的高效杀虫剂，对有益昆虫天敌安全。对吡丙醚和新烟碱类如吡虫啉、噻虫嗪等产生抗性的害虫有很好的效果，具有杀卵活性。用于控制水果、蔬菜、棉花和玉米上的鳞翅目、粉虱等害虫。

131 高效氟氯氰菊酯的特点及防治对象是什么？

又称保得。具有触杀和胃毒作用，能够引起昆虫极度兴奋、痉挛与麻痹，能诱导产生神经毒素，最终导致神经传导阻断，还能引起其他组织产生病变。杀虫谱广，击倒迅速，持效期长，植物对它有良好的抗药性。无内吸及穿透性。对害虫具有迅速击倒和长残效作用。对棉花、小麦、玉米、蔬菜、番茄、苹果、柑橘、葡萄、油菜、大豆等作物上的刺吸式和咀嚼式口器害虫均有效。

132 高效氯氟氰菊酯的特点及防治对象是什么？

又称功夫菊酯。高效、广谱、速效的拟除虫菊酯类杀虫、杀螨剂。以触杀和胃毒作用为主，无内吸作用。特点是抑制昆虫神经轴突部位的传导，对昆虫具有趋避、击倒及毒杀作用，杀虫谱广，活性较高，药效迅速，喷洒后耐雨水冲刷，但长期使用易对其产生抗性，对刺吸式口器害虫及害螨有一定的防效。它对螨虫有较好的抑制作用，在螨类发生初期使用，可抑制螨类数量上升，当螨类已大量发生时，就控制不住其数量，因此，只能用于虫螨兼治，不能作为专用杀螨剂。防治麦蚜、吸浆虫、黏虫、玉米螟、甜菜夜蛾、食心虫、卷叶蛾、潜叶蛾、凤蝶、吸果夜蛾、棉铃虫、棉红铃虫、菜青虫等，用于草原、草地、旱田作物防治草地螟等。

133 高效氯氰菊酯的特点及防治对象是什么？

氯氰菊酯的高效异构体，具有触杀和胃毒作用。杀虫谱广，击倒速度快，杀虫活性较氯氰菊酯高。适用于防治棉花、蔬菜、果树、茶树、森林等多种植物上的害虫及卫生害虫。

134 核型多角体病毒的特点及防治对象是什么？

多在寄主的血、脂肪、皮肤等组织的细胞核内发育，故称核型多角体病毒。核型多角体病毒的寄主范围较广，主要寄生于鳞翅目昆虫。经口或伤口感染。经口进入虫体的病毒被胃液消化，游离出杆状病毒粒子，通过中肠上皮细胞进入体腔，侵入细胞，在细胞核内增殖，之后再侵入健康细胞，直到昆虫致死。病虫粪便和死虫再传染其他昆虫，使病毒病在害虫种群中流行，从而控制害虫危害。病毒也可通过卵传到昆虫子代。专化性强，一种病毒只能寄生一种昆虫或其邻近种群。只能在活的寄主细胞内增殖。比较稳定，在无阳光直射的自然条件下可保存数年不失活。核型多角体病毒有很多种类，如棉铃虫核型多角体病毒、粉纹夜蛾核型多角体病毒、甘蓝夜蛾核型多角体病毒等。主要用于防治农业和林业害虫。棉铃虫核型多角体病毒已在约20个国家用于防治棉花、高粱、玉米、烟草、番茄的棉铃虫。世界上成功地大面积应用过的还有松黄叶蜂、松叶蜂、弗吉尼亚松叶蜂、舞毒蛾、毒蛾、天幕毛虫、苜蓿粉蝶、粉纹夜蛾、实夜蛾、斜纹夜蛾、金合欢树蓑蛾等害虫。不耐高温，易被紫外线杀灭，阳光照射会失活，制剂应在阴凉干燥处保存，不能曝晒和淋雨。

135 环虫酰肼的特点及防治对象是什么？

又称克虫敌。害虫取食后几小时内抑制进食，同时引起害虫提前蜕皮导致死亡。对夜蛾和其他的毛虫，不论在哪个时期，环虫酰肼都有很强的杀虫活性。环虫酰肼不仅对哺乳动物、鸟类、水生生物低毒，而且对节肢动物类、捕食性蜱螨、蜘蛛、半翅目、鞘翅目（甲虫类）、寄生生物及环境无影响。对蔬菜、果树、茶树及水稻等作物上的鳞翅目害虫防治效果好。

136 甲基嘧啶磷的特点及防治对象是什么？

高效、低毒、低残留的有机磷杀虫、杀螨剂，有较强的触杀、胃毒作用和良好的熏蒸、渗透作用。主要用于仓储害虫以及卫生害虫的防治，也可以用于甜菜、玉米、水稻、马铃薯、黄瓜、高粱、甘蓝、果树等作物上的害虫的防治。

137 甲醚菊酯的特点及防治对象是什么？

作用于害虫神经系统，具有触杀、快速击倒和一定的熏蒸作用，属于神经毒剂。对蚊、蝇等害虫有快速击倒作用。但与其他拟除虫菊酯相比，对卫生害虫的活性不够高，使用时一般添加增效剂。主要加工成蚊香和电热驱蚊片。对高等动物低毒，对鱼类等水生生物高毒。

138 甲萘威的特点及防治对象是什么？

又称西维因。作用于害虫神经系统的乙酰胆碱酯酶，具有触杀、胃毒作用，略有内吸性。用于防治稻、棉、茶、桑以及果树、林业等作物上的稻飞虱、稻纵卷叶螟、稻苞虫、棉铃虫、棉卷叶虫、茶小绿叶蝉、茶毛虫、桑尺蠖、蓟马、豆蚜、大豆食心虫、红铃虫、斜纹夜蛾、桃小食心虫、苹果刺蛾等。对蜜蜂高毒，不宜在开花期或养蜂区使用。对叶蝉、飞虱及一些不易防治的咀嚼式口器害虫如红铃虫有较好的防效，但对螨类和大多数介壳虫的毒力很小。西瓜对甲萘威敏感，容易产生药害，不宜使用。

139 甲氨基阿维菌素苯甲酸盐的特点及防治对象是什么？

又称甲维盐。低毒杀虫、杀螨剂。具有高效、广谱、持效期长、可混用性好、使用安全等特点，作用方式以胃毒为主，兼有触杀作用。无内吸性，但有强渗透性。其杀虫机制是阻碍害虫运动神经。增强神经质如谷氨酸和 γ-氨基丁酸（GABA）的作用，从而使大量氯离子进入神经细胞，使细胞功能丧失，扰乱神经传导，幼虫在接触后马上停止进食，发生不可逆转的麻痹，在3～4天内达到最高致死率。用于防治蔬菜、果树、烟草、茶树、花卉，以及水稻、棉花、玉米等大田作物上的红带卷叶蛾、烟蚜夜蛾、棉铃虫、烟草天蛾、小菜蛾、甜菜夜蛾、旱地贪夜蛾、粉纹夜蛾、甘蓝银纹夜蛾、菜粉蝶、菜心螟、番茄天蛾、马铃薯甲虫、墨西哥瓢虫、红蜘蛛、食心虫等多种害虫，尤其是对鳞翅目、双翅目、蓟马类害虫具有超高效。对蜜蜂有毒，不宜在作物开花期使用。

140 甲氧虫酰肼的特点及防治对象是什么？

干扰昆虫的正常生长发育、抑制摄食。杀虫对象选择性强，对鳞翅目害虫具有高度选择杀虫活性，以触杀作用为主，并具有一定的内吸作用。该药与抑制害虫蜕皮的药剂的作用机制相反，可在害虫整个幼虫期用药进行防治。对益虫、益螨安全，对环境友好。防治甜菜夜蛾、斜纹夜蛾、甘蓝夜蛾、菜青虫、棉铃虫、苹果食心虫、水稻二化螟、水稻螟虫、金纹细蛾、美国白蛾、松毛虫和尺蠖等。

141 抗蚜威的特点及防治对象是什么？

又称辟蚜威。杀蚜虫剂。具有触杀、胃毒，以及熏蒸、叶面渗透、根部内吸作用，可通过根部木质部转移。主要作用机制为抑制胆碱酯酶。对有机磷产生抗性的蚜虫仍有杀灭作用。还是一种对蚜虫有特效的内吸性氨基甲酸酯类杀虫剂。能有效防治除棉蚜以外的所有蚜虫，杀虫迅速，但残效期短。用于防治粮食、果树、蔬菜、花卉、林业上的蚜虫，但是对棉蚜基本无效。

142 黎芦碱的特点及防治对象是什么？

植物性杀虫剂，具有触杀和胃毒作用，作用于昆虫神经细胞钠离子通道，抑制虫体感觉神经末梢，导致害虫死亡。用于防治蔬菜、果树以及大田农作物上的害虫，如菜青虫、叶蝉、棉蚜、棉铃虫、蓟马和蝽象等。还可用于防治家蝇、蜚蠊、虱等卫生害虫。

143 联苯肼酯的特点及防治对象是什么？

又称爱卡螨。联苯肼酯是一种新型选择性叶面喷雾用杀螨剂，没有内吸性。作用于害螨中枢神经传导系统的γ-氨基丁酸（GABA）受体。对螨的各个生活阶段有效，具有杀卵和对成螨击倒活性（48～72h），且持效期长。对寄生蜂、捕食螨、草蛉低风险。用于防治果树（柑橘、葡萄等）、蔬菜、棉花、玉米和观赏植物等植物上的害螨，如苹果红蜘蛛、二斑叶螨。

144 联苯菊酯的特点及防治对象是什么？

又称天王星。杀虫、杀螨剂，具有触杀、胃毒活性。作用于害虫神经系统钠离子通道，扰乱昆虫神经的正常生理功能，使之由兴奋、痉挛到麻痹而死亡。无内吸、熏蒸作用，杀虫谱广，作用迅速。在土壤中不移动，对环境较为安全，残效期较长。用于防治棉花、果树、蔬菜、茶叶等作物上的棉铃虫、潜叶蛾、食心虫、卷叶蛾、菜青虫、小菜蛾、茶尺蠖、茶毛虫等鳞翅目害虫幼虫，以及白粉虱、蚜虫、棉红蜘蛛、山楂叶螨、柑橘红蜘蛛、菜蚜、茄子红蜘蛛、叶蝉、瘿螨等害虫害螨。

145 硫丙磷的特点及防治对象是什么？

属于广谱性三元不对称有机磷酸酯类杀虫剂，具有触杀和胃毒作用。用于防治棉花、烟草、蔬菜和果树等作物上的鳞翅目、缨翅目、鞘翅目、双翅目害虫。

146 硫双威的特点及防治对象是什么？

又称硫双灭多威。低毒杀虫、杀螨剂。硫双威主要是胃毒作用，几乎没有触杀作用，无熏蒸和内吸作用，有较强的选择性，在土壤中残效期很短。杀虫活性与灭多威相当，但毒性为灭多威的1/10。对鳞翅目害虫有特效，如棉铃虫、棉红铃虫、卷叶虫、食心虫、菜青虫、小菜蛾、茶细蛾；也可用于防治鞘翅目、双翅目及膜翅目害虫。对蚜虫、螨类、叶蝉、蓟马等刺吸式口器害虫无效。

147 硫肟醚的特点及防治对象是什么？

又称硫肟醚菊酯。含有肟醚结构的新型非酯肟醚类杀虫剂，属于高效、低毒、低残留的新型杀虫剂，具有触杀和胃毒作用。用于蔬菜、茶叶、棉花、水稻等作物防治菜青虫、茶尺蠖、茶毛虫、茶小绿叶蝉、棉铃虫等鳞翅目、同翅目害虫。

148 氯胺磷的特点及防治对象是什么？

又称乐斯灵。新型广谱性有机磷杀虫、杀螨剂，对害虫具有触杀、胃毒和熏蒸作用，并有一定的内吸传导作用，残效期较长，熏杀毒力强，是速效型杀虫剂，对螨类还有杀卵作用。用于水稻、棉花、柿树等作物防治稻纵卷叶螟、三化螟、稻飞虱、叶蝉、蓟马、棉铃虫、柿绵蚧等害虫。

149 氯虫酰胺的特点及防治对象是什么？

又称康宽。释放平滑肌和横纹肌细胞内储存的钙，引起肌肉调节衰弱、麻痹，直至害虫死亡。具有胃毒和触杀作用，胃毒为主要作用方式。可经茎、叶表面渗透到植物体内，还可通过根部吸收和在木质部移动。持效期长，可达15天以上。防治菜青虫、小菜蛾、粉纹夜蛾、甜菜夜蛾、欧洲玉米螟、亚洲玉米螟、小地老虎、黏虫、棉铃虫、水稻二化螟、三化螟、大螟、稻纵卷叶螟、稻水象甲、甘蔗螟虫、马铃薯象甲、烟粉虱、烟青虫、桃小食心虫、梨小食心虫、金纹细蛾、苹果蠹蛾、苹小卷叶蛾、黑尾叶蝉、螺痕潜蝇、美洲斑潜蝇等鳞翅目、鞘翅目和双翅目害虫。

150 氯菊酯的特点及防治对象是什么？

又称二氯苯醚酯。以触杀和胃毒作用为主，有杀卵和拒避活性，无内吸、熏蒸作用。具有击倒力强、杀虫速度快的特点。对光较稳定，在同等使用条件下，对害虫抗性的发展也较缓慢，对鳞翅目幼虫高效。用于防治棉花、蔬菜、茶叶、果树和林木等作物上的多种害虫，尤其适用于卫生害虫和畜牧害虫的防治。如棉蚜、叶蝉、棉铃虫、菜青虫、菜蚜、小菜蛾、黄条跳甲、茶小卷叶蛾、茶尺蠖、茶毛虫、茶细蛾、烟草夜蛾、桃蚜、橘蚜、梨小食心虫、马尾松毛虫、白杨尺蛾等，以及卫生害虫家蝇、蚊子、蟑螂和白蚁等。

151 氯氰菊酯的特点及防治对象是什么？

又称灭百可。作用于昆虫的神经系统，通过与钠离子通道作用来扰乱昆虫的神经功能。具有触杀和胃毒作用，无内吸性。杀虫谱广，药效迅速，对光、热稳定，对某些害虫的卵具有杀伤作用。适用于防治棉花、蔬菜、果树、茶树、森林等多种植物上的害虫及卫生害虫。用此药防治对有机磷产生抗性的害虫效果良好，但对螨类和盲蝽的防治效果差。该药残效期长，正确使用时对作物安全。在农业上，主要用于苜蓿、禾谷类作物、棉花、葡萄、玉米、油菜、梨果、马铃薯、大豆、甜菜、烟草和蔬菜上防治鞘翅目、鳞翅目、直翅目、双翅目、半翅目和同翅目等害虫。

152 氯溴虫腈的特点及防治对象是什么？

属于新型芳基吡咯类杀虫剂，具有胃毒和触杀作用，有良好的杀卵、杀螨活性，杀虫谱广、击倒快、毒性低，对作物安全。用于防治蔬菜、水稻和棉花上的多种害虫，如斜纹夜蛾、小菜蛾、稻飞虱、稻纵卷叶螟和棉铃虫等。

153 马拉硫磷的特点及防治对象是什么？

又称马拉松。高效、低毒、广谱的有机磷类杀虫剂，具有触杀和胃毒作用，也有一定的熏蒸和渗透作用，对害虫击倒力强，但无内吸活性。其进入虫体后会氧化成马拉氧磷，从而更好地发挥毒杀作用；其药效受温度影响较大，高温时效果好。防治飞虱、叶蝉、蓟马、蚜虫、黏虫、黄条跳甲、象甲、盲蝽象、食心虫、蝗虫、菜青虫、豆天蛾、红蜘蛛、蠹蛾、粉蚧、茶尺蠖、茶毛虫、松毛虫、杨毒蛾等，也可用于防治仓库害虫。

154 弥拜菌素的特点及防治对象是什么？

又称密灭汀、快普。微生物源杀虫、杀螨剂。具有胃毒和触杀作用，无内吸性。作用方式与阿维菌素一样，是 γ-氨基丁酸（GABA）的激动剂，作用于外围神经系统，引发突触前 GABA 释放，继而引起氯离子流向改变，使其内流，导致由 GABA 介导的中枢神经及神经-肌肉传导阻滞，进而使昆虫麻痹死亡。用于防治棉花、蔬菜、茶树、水果（柑橘、苹果、草莓等）等作物上的害虫，如朱砂叶螨、二斑叶螨、柑橘红蜘蛛、苹果红蜘蛛、柑橘锈壁虱等，对棉叶螨和柑橘全爪螨高效，对松树害虫（如松材线虫）也有效。

155 醚菊酯的特点及防治对象是什么？

又称多来宝。醚类拟除虫菊酯杀虫剂，击倒速度快，杀虫活性高，具有触杀和胃毒作用。对同翅目飞虱科有特效，同时对鳞翅目、半翅目、直翅目、鞘翅目、双翅目和等翅目等多种害虫有很好的效果，尤其是对水稻稻飞虱的防治效果显著。正常情况下持效期达 20 天以上。防治水稻、蔬菜、棉花、玉米以及林木等作物上的同翅目、鳞翅目、半翅目、直翅目、鞘翅目、双翅目和等翅目等多种害虫，如水稻灰飞虱、白背飞虱、褐飞虱、稻水象甲、小菜蛾、甘蓝青虫、甜菜夜蛾、斜纹夜蛾、棉铃虫、烟草夜蛾、棉红铃虫、玉米螟、松毛虫等。对同翅目飞虱科（如稻飞虱）有特效，对卫生害虫也有良好的效果，如蜚蠊。

156 嘧啶氧磷的特点及防治对象是什么？

又称灭定磷。中等毒性的有机磷类杀虫剂，具有胃毒和触杀作用，有内吸特性，对刺吸式口器害虫有效，对稻瘿蚊有特效。用于防治棉花、水稻、小麦、大豆、果树、甘蔗、茶树等作物上的鳞翅目害虫，如棉蚜、叶螨、稻飞虱、叶蝉、蓟马、稻瘿蚊、二化螟、三化螟、稻纵卷叶螟、甘蔗金龟子、桃小食心虫、蛴螬、蝼蛄、地老虎等。对高粱敏感，不宜使用。不宜在蔬菜等生长期很短的作物上使用。

157 灭多威的特点及防治对象是什么？

又称万灵。广谱性氨基甲酸酯类杀虫剂，具有触杀、胃毒和内吸活性，作用于害虫神经系统，抑制胆碱酯酶的活性，导致抽搐死亡。用于防治棉花、玉米、水稻、小麦、烟草、茶树、果树、蔬菜和观赏植物上的多种害虫，如棉铃虫、棉蚜、烟蚜、烟青虫、菜青虫、甘蓝蚜虫、茶小绿叶蝉、地老虎、二化螟、飞虱类、斜纹夜蛾等。

158 灭蝇胺的特点及防治对象是什么？

又称蝇得净。具有触杀、胃毒以及强内吸活性。作用机理是抑制昆虫表皮几丁质的合成，干扰蜕皮和化蛹过程，导致幼虫和蛹畸变，成虫羽化不全或受抑制。并且有非常强的选择性，主要是对双翅目昆虫有活性。能使双翅目幼虫和蛹在发育过程中发生形态畸变，成虫羽化受抑制或不完全。用于防治各种瓜果、蔬菜、豆类以及观赏植物上的双翅目幼虫，如美洲斑潜蝇、南美斑潜蝇、豆秆黑潜蝇、葱斑潜叶蝇、三叶斑潜蝇、苍蝇、根蛆等。

159 灭幼脲的特点及防治对象是什么？

又称灭幼脲Ⅲ号。主要是胃毒作用，其作用机理是通过抑制昆虫表皮几丁质合成酶的活性，干扰昆虫几丁质合成，导致昆虫不能正常蜕皮而死亡。在幼虫期施用，使害虫新表皮形成受阻，延缓发育，或缺乏硬度，不能正常蜕皮而导致死亡或形成畸形蛹死亡。对变态昆虫，特别是鳞翅目幼虫表现为很好的杀虫活性。用于防治十字花科蔬菜（如甘蓝）、果树（如苹果、柑橘、梨等）、茶树以及林木等植物上的鳞翅目害虫，如菜青虫、小菜蛾、斜纹夜蛾、金纹细蛾、黄蚜、桃小食心虫、梨小食心虫、柑橘潜叶蛾、柑橘木虱、茶尺蠖、美国白蛾、松毛虫等。还可以防治卫生害虫，如蜚蠊等。

160 七氟菊酯的特点及防治对象是什么？

又称七氟苯菊酯。具有触杀和熏蒸作用，常作为土壤杀虫剂。作用于昆虫钠离子通道，扰乱正常的神经活动，使之由兴奋、痉挛至麻痹死亡。用于防治玉米、小麦、南瓜、甜菜等作物上的鞘翅目害虫，以及栖息在土壤中的鳞翅目和某些双翅目害虫。如南瓜十二星甲、金针虫、跳甲、金龟子、甜菜隐食甲、地老虎、玉米螟、瑞典麦秆蝇。

161 氰氟虫腙的特点及防治对象是什么？

又称艾法迪。与菊酯类或其他种类的农药无交互抗性。主要是胃毒作用，触杀作用较小，无内吸性。其作用机理是通过附着于钠离子通道的受体，阻断害虫神经元轴突膜上的钠离子通道，使钠离子不能通过轴突膜，进而抑制神经冲动，致使虫体麻痹，停止取食，最终死亡。用于防治水稻、棉花、蔬菜等作物上的咀嚼式和咬食式鳞翅目和鞘翅目害虫，如稻纵卷叶螟、甘蓝夜蛾、小菜蛾、甜菜夜蛾、菜粉蝶、菜心野螟、棉铃虫、棉红铃虫、小地老虎、水稻二化螟等。

162 氰戊菊酯的特点及防治对象是什么？

又称速灭杀丁。广谱性拟除虫菊酯类杀虫、杀螨剂。具有触杀和胃毒作用，无内吸和熏蒸作用。主要作用于昆虫神经系统，通过与钠离子通道作用，扰乱正常的神经活动。用于防治棉花、水稻、玉米、烟草、甘蔗、麦类、花生、豆类、茄类、十字花科蔬菜、果树、花卉、林木等多种植物上的多种咀嚼式、刺吸式和钻蛀类害虫，如棉铃虫、棉红铃虫、菜青虫、菜粉蝶、烟青虫、玉米螟、豆荚螟、甘蓝夜蛾、苹果蠹蛾、桃小食心虫、柑橘潜叶蛾、蚜虫、叶蝉、飞虱、蟓象类等。

163 炔呋菊酯的特点及防治对象是什么？

具有较强的触杀作用，且有很好的挥发性，对家蝇的击倒和杀死效果均高于右旋烯丙菊酯，适合于加工成蚊香、电热蚊香片等，是制造蚊香药片的主要原料。电蚊香加热表面温度为160～170℃，由于炔呋菊酯的蒸气压低，在此温度下将有效成分挥散到空气中。在加入调整剂后，可保持长达10h的杀虫效果。

164 噻虫胺的特点及防治对象是什么？

又称可尼丁。属于广谱性新烟碱类杀虫剂，具有触杀和胃毒作用，有优异的内吸活性，适用于叶面喷雾、土壤处理。和其他烟碱类杀虫剂一样，作用于昆虫神经突触后膜的烟碱乙酰胆碱受体。对有机磷、氨基甲酸酯和合成拟除虫菊酯具有高抗性的害虫对噻虫胺无抗性。用于防治水稻、小麦、甘蔗、番茄、玉米、棉花、蔬菜、茶树、果树以及观赏植物上的刺吸式口器害虫，如稻飞虱、蚜虫、甘蔗螟虫、黄条跳甲、烟粉虱、木虱、叶蝉、蓟马、小地老虎、金针虫、蛴螬等。

165 噻虫啉的特点及防治对象是什么？

又称天保。属于新烟碱类杀虫剂，具有较强的触杀、胃毒和内吸作用，对刺吸式口器害虫有特效。作用机理与其他传统杀虫剂有所不同，它主要作用于昆虫神经突触后膜，与烟碱乙酰胆碱受体结合，干扰昆虫神经系统正常传导，引起神经通道的阻塞，造成乙酰胆碱的大量积累，从而使昆虫异常兴奋，全身痉挛、麻痹死亡。与有机磷、氨基甲酸酯、拟除虫菊酯类常规杀虫剂无交互抗性，可用于抗性治理。防治稻飞虱、蚜虫、粉虱、蛴螬、茶小绿叶蝉、苹果蠹蛾、苹果潜叶蛾、天牛、象甲等。

166 噻虫嗪的特点及防治对象是什么？

又称阿克泰、锐胜。具有胃毒和触杀作用，并有很强的内吸活性，可用于叶面喷雾、土壤灌根和种子处理，施药后迅速被内吸，传导到植株各部位，对刺吸式害虫有良好的防效。用于防治玉米、水稻、小麦、棉花、花生、烟草、节瓜、茶树、蔬菜以及果树等作物上的鳞翅目、鞘翅目、缨翅目和同翅目害虫，如稻飞虱、蚜虫、叶蝉、蓟马、粉虱、粉蚧、蛴螬、金龟子幼虫、跳甲、线虫等。

167 噻嗯菊酯的特点及防治对象是什么？

属于新型拟除虫菊酯类杀虫剂，作用于昆虫神经系统，为钠离子通道调节剂/电压门控型钠离子通道阻断剂。主要是触杀和胃毒作用，具有较强的击倒力，但也有一定的杀死活性，故常和生物苄呋菊酯混用，以增进其杀死效力。对蚊虫有驱避和拒食作用。但热稳定性差，不宜用于加工成蚊香或电热蚊香片。主要用于防治卫生害虫，如蚊虫等。

168 噻嗪酮的特点及防治对象是什么？

又称稻虱净、扑虱灵。具有强触杀作用和胃毒作用。其作用机理是通过抑制昆虫表皮几丁质的合成，致使若虫蜕皮受阻，出现畸形，最终死亡。对半翅目的飞虱、叶蝉、粉虱及介壳虫类害虫有良好的防治效果，但对成虫没有直接杀伤力。用于防治水稻、小麦、马铃薯、瓜茄类、蔬菜、茶树以及果树等作物上的多种害虫，如稻飞虱、茶小绿叶蝉、粉蚧、棉粉虱、柑橘粉蚧等。不能用于白菜和萝卜上，直接接触后会出现褐斑及绿叶白化等药害。

169 三氟甲吡醚的特点及防治对象是什么？

高效、低毒杀虫剂，对鳞翅目害虫具有卓越的防效。由于其化学结构独特，与一般常用杀虫剂的作用机理均不同，故与现有鳞翅目杀虫剂无交互抗性。用于防治蔬菜（如甘蓝、大白菜、辣椒、茄子等）、棉花、果树等作物上的鳞翅目、缨翅目、双翅目等害虫，如小菜蛾、菜粉蝶、甜菜夜蛾、斜纹夜蛾、棉铃虫、稻纵卷叶螟、烟草蓟马、潜叶蛾等。

170 杀虫单的特点及防治对象是什么？

又称杀螟克、苏星。具有触杀和胃毒作用，并有内吸活性，可以通过植物根部向上传导到地上各个部位。其作用机理与有机磷杀虫剂一样，为乙酰胆碱竞争性抑制剂。用于防治甘蔗、水稻以及蔬菜等作物上的鳞翅目害虫，如甘蔗螟虫、水稻二化螟、三化螟、稻纵卷叶螟、稻蓟马、飞虱、叶蝉、菜青虫、小菜蛾等。对棉花有药害，不能在棉花上使用。

171 杀虫环的特点及防治对象是什么？

又称类巴丹、易卫杀。具有神经毒性，中毒机理与其他沙蚕毒素类农药相似，在体内代谢成沙蚕毒素，通过抑制乙酰胆碱受体，阻断神经突触传导，导致昆虫麻痹死亡。但其毒效较为迟缓，中毒轻的个体还可以复活，可与速效农药混用以提高击倒力。用于防治水稻、玉米、马铃薯、茶叶、蔬菜以及果树等作物上的鳞翅目和鞘翅目害虫，如水稻二化螟、三化螟、蓟马、稻纵卷叶螟、亚洲玉米螟、菜青虫、小菜蛾、甘蓝夜蛾、菜蚜、马铃薯甲虫、柑橘潜叶蛾、苹果潜叶蛾、苹果蚜、桃蚜、梨星毛虫、苹果红蜘蛛等。

172 杀虫磺的特点及防治对象是什么？

主要是触杀和胃毒作用，具有根部内吸活性。其作用机理是通过抑制昆虫神经系统突触上的乙酰胆碱受体，干扰正常神经活性，导致昆虫麻痹死亡。用于防治水稻、玉米、棉花、马铃薯、茶叶、蔬菜以及果树等作物上的鞘翅目和鳞翅目害虫，如水稻二化螟、三化螟、稻纵卷叶螟、亚洲玉米螟、龟甲虫、棉铃象甲、茶卷叶蛾、茶蓟马、菜青虫、小菜蛾、甘蓝夜蛾、菜蚜、苹果卷叶蛾、苹果蠹蛾等。

173 杀虫双的特点及防治对象是什么？

又称杀虫丹、稻卫士。具有胃毒和触杀作用，并有一定的熏蒸和杀卵作用，具有很强的内吸传导活性，能通过植物根部吸收传导到植物各地上部位。用于防治水稻、玉米、小麦、甘蔗、豆类、蔬菜、茶树、果树以及森林等作物上的多种害虫，如水稻二化螟、三化螟、稻纵卷叶螟、稻蓟马、褐飞虱、叶蝉、菜青虫、小菜蛾、甘蓝夜蛾、菜蚜、黄条跳甲、亚洲玉米螟、茶小绿叶蝉、茶毛虫、梨小食心虫、桃蚜、柑橘潜叶蛾、苹果潜叶蛾、苹果蚜虫等。对马铃薯、高粱、棉花、豆类等会产生药害，白菜等十字花科蔬菜幼苗及甘蔗在夏季高温下对杀虫双敏感。

174 杀虫畏的特点及防治对象是什么？

又称杀虫威。高效、低毒有机磷杀虫剂和杀线虫剂，以触杀作用为主，无内吸性。对鳞翅目、双翅目和多种鞘翅目害虫高效，对温血动物毒性低。用于防治棉花、玉米、水稻、烟草、瓜茄类、蔬菜、果树以及林木等作物上的鳞翅目和鞘翅目害虫，如水稻二化螟、三化螟、棉蚜、棉红蜘蛛、玉米螟、蓟马、烟草夜蛾、烟青虫、苹果蠹蛾、梨小食心虫、桃蚜、国槐尺蠖、松毛虫等。

175 杀铃脲的特点及防治对象是什么？

又称杀虫脲、杀虫隆。具有胃毒作用，并有一定的杀卵作用，无内吸性，仅对咀嚼式口器害虫有效，对刺吸式口器害虫无效（木虱属和橘芸锈螨除外）。其作用机理与除虫脲类似，抑制昆虫体表几丁质的合成，导致蜕皮和外骨骼形成受阻。用于防治玉米、棉花、大豆、蔬菜、果树以及林木等作物上的鳞翅目和鞘翅目害虫，如玉米螟、棉铃虫、金纹细蛾、菜青虫、小菜蛾、甘蓝夜蛾、柑橘潜叶蛾、橘小实蝇、松毛虫等。对水栖生物（特别是甲壳类）有毒。

176 杀螟丹的特点及防治对象是什么？

又称杀螟单、巴丹。具有很强的胃毒和触杀作用，并且有一定的拒食和杀卵作用。其作用机理是通过结合昆虫神经系统乙酰胆碱受体，阻碍正常的神经传递冲动，导致昆虫麻痹死亡。用于防治水稻、玉米、小麦、棉花、甘蔗、马铃薯、蔬菜和果树等作物上的多种害虫，如水稻二化螟、三化螟、稻纵卷叶螟、稻飞虱、稻瘿蚊、亚洲玉米螟、棉蚜、甘蔗条螟、小菜蛾、菜青虫、黄条跳甲、甘蓝夜蛾、茶小绿叶蝉、茶尺蠖、苹果潜叶蛾、梨小食心虫、桃小食心虫等。水稻扬花期或作物被雨露淋湿时不宜施药，喷药浓度高对水稻也会有药害，十字花科蔬菜幼苗对该药敏感，使用时要小心。

177 杀螟硫磷的特点及防治对象是什么?

又称杀螟松。作用于胆碱酯酶，具有触杀和胃毒作用，并有一定的渗透作用。对鳞翅目幼虫有特效，也可防治半翅目、鞘翅目等害虫。对光稳定，遇高温易分解失效，碱性介质中水解，铁、锡、铝、铜等会引起该药分解。用于防治水稻、玉米、大麦、棉花、茶树、果树和蔬菜以及观赏植物等作物上的多种害虫，如稻纵卷叶螟、稻飞虱、稻叶蝉、玉米象、赤拟谷盗、棉蚜、菜蚜、卷叶虫、茶小绿叶蝉、苹果叶蛾、桃蚜、桃小食心虫、柑橘潜叶蛾和苹果潜叶蛾等。对十字花科蔬菜和高粱等作物比较敏感，不宜使用。

178 双硫磷的特点及防治对象是什么?

属于有机磷类杀虫剂，作用于胆碱酯酶，具有强烈的触杀作用，无内吸性。对蚊幼虫有特效，残效期长。用于防治水稻、棉花、玉米、花生等作物上的多种害虫，如棉铃虫、稻纵卷叶螟、卷叶蛾、地老虎、蓟马等；以及卫生害虫，如蚊虫、库蠓、摇蚊等。对人体上的虱和狗猫身上的跳蚤也有效。因双硫磷对鸟类和虾有毒，在养殖这类生物地区禁用。

179 双三氟虫脲的特点及防治对象是什么?

作用机理是通过抑制昆虫体表几丁质的合成，阻碍内表皮的生成，使昆虫不能正常蜕皮而死亡。对白粉虱有特效，用于防治蔬菜（如甘蓝、菜心等）、果树（如苹果、梨、柑橘等）、烟草、茶叶、棉花等作物上的多种害虫，如白粉虱、烟粉虱、甜菜夜蛾、菜青虫、小菜蛾、金纹细蛾、美国白蛾等；也可以用于防治卫生害虫，如家蝇、蚊子、蜚蠊等。

180 顺式氯氰菊酯的特点及防治对象是什么?

又称高效灭百可。具有触杀和胃毒作用，并有一定的杀卵活性，无内吸性。其作用机理是通过抑制昆虫神经末梢的钠离子通道，干扰正常的神经传导，引起昆虫极度兴奋、痉挛、麻痹，最终死亡。用于防治棉花、玉米、小麦、豆类、瓜类、烟草、果树、蔬菜、茶树、花卉等植物上的刺吸式和咀嚼式口器害虫，如棉铃虫、红铃虫、棉蚜、棉盲蝽、菜青虫、小菜蛾、蚜虫、大豆卷叶螟、大豆食心虫、柑橘潜叶蛾、柑橘红蜡蚧、荔枝蒂蛀虫、荔枝蝽象、桃小食心虫、桃蚜、梨小食心虫、茶尺蠖、茶小绿叶蝉、茶毛虫、茶卷叶蛾等；以及卫生害虫，如蜚蠊、家蝇、蚊虫等。

181 顺式氰戊菊酯的特点及防治对象是什么?

又称白蚁灵、来福灵。作用机理、药效特点与氰戊菊酯相同，但其杀虫活性比氰戊菊酯高 4 倍。用于防治玉米、棉花、小麦、大豆、烟草、甜菜、果树（如柑橘、苹果、梨等)、十字花科蔬菜、茶树、森林等植物上的咀嚼式和刺吸式口器害虫，如玉米黏虫、玉米螟、棉铃虫、红铃虫、麦蚜、菜青虫、小菜蛾、甜菜夜蛾、甘蓝夜蛾、蚜虫、烟青虫、柑橘潜叶蛾、桃小食心虫、松毛虫等。

182 四氟甲醚菊酯的特点及防治对象是什么?

又称甲醚苄氟菊酯。具有触杀作用。作用于昆虫神经系统，通过与钠离子通道作用，破坏神经传导功能。杀虫效果明显有效，比老式的右旋反式烯丙菊酯和炔丙菊酯的效力高 20 倍左右，是新一代家用卫生杀虫剂。广泛用于蚊香及电热蚊香中。

183 四氯虫酰胺的特点及防治对象是什么?

具有触杀和内吸作用。作用于昆虫鱼尼汀受体，打开钙离子通道，使细胞内钙离子持续释放到肌浆中，引起肌肉持续收缩，导致昆虫抽搐，最终死亡。对鳞翅目害虫有优异的防治效果，具有低毒、高效、低残留等特点，持效期长。用于防治水稻、蔬菜、棉花、瓜类、果树等作物上的多种鳞翅目害虫，如稻纵卷叶螟、二化螟、三化螟、甜菜夜蛾、小菜蛾、菜青虫、棉铃虫、黏虫、桃小食心虫、柑橘潜叶蛾等。

184 苏云金杆菌的特点及防治对象是什么?

主要是胃毒作用，是一类产晶体芽孢杆菌，可产生两大类毒素，即内毒素（伴胞晶体）和外毒素，其主要活性成分是一种或几种杀虫晶体蛋白，又称 δ-内毒素，可使害虫停止取食，最后害虫因饥饿而死亡。经害虫食入后，寄生于寄主的中肠内，在肠内合适的碱性环境中生长繁殖，晶体毒素经过虫体肠道内蛋白酶水解，形成有毒效的较小亚单位，它们作用于虫体的中肠上皮细胞，引起肠道麻痹、穿孔、虫体瘫痪、停止进食。随后苏云金芽孢杆菌进入血腔繁殖，引起败血症，导致虫体死亡。用于防治十字花科蔬菜、瓜茄类蔬菜、烟草、水稻、米、高粱、大豆、花生、甘薯、棉花、茶树、苹果、梨、桃、枣、柑橘等多种植物上的多种害虫，如菜青虫、小菜蛾、甜菜夜蛾、斜纹夜蛾、甘蓝夜蛾、烟青虫、玉米螟、稻纵卷叶螟、二化螟等。

185 速灭威的特点及防治对象是什么?

又称治灭虱。作用机理是通过抑制昆虫体内乙酰胆碱酯酶的活性，导致乙酰胆碱积累中毒而死亡。具有触杀和熏蒸作用，击倒力强、低毒、低残留，持效期较短。用于防治水稻、棉花、果树、蔬菜、茶树等作物上的多种害虫，如稻飞虱、稻纵卷叶螟、叶蝉、蓟马、棉铃虫、棉红铃虫、棉蚜、柑橘锈壁虱、茶小绿叶蝉等。

186 威百亩的特点及防治对象是什么?

又称保丰收、线克。属于二硫代氨基甲酸酯类杀线虫剂，主要是熏蒸作用，在土壤中降解成异氰酸甲酯发挥作用。通过抑制细胞分裂和DNA、RNA及蛋白质的合成，导致生物呼吸代谢受阻而死亡。并兼具杀菌、除草的作用。用于黄瓜、番茄、烟草、花卉等作物苗床、温室、大棚、盆景等土壤灭菌，以及防治线虫和杂草等，如黄瓜根结线虫、番茄根结线虫、烟草猝倒病、烟草苗床一年生杂草等。

187 烯丙菊酯的特点及防治对象是什么？

具有强烈的触杀作用，击倒快，并有胃毒和内吸作用。其作用机理与其他拟除虫菊酯类杀虫剂一样，通过扰乱昆虫神经轴突传导，引起昆虫抽搐、麻痹，直至死亡。右旋烯丙菊酯，特别是ES-生物烯丙菊酯的击倒作用非常显著，亦可作为气雾剂、喷射剂的原料。烯丙菊酯对蚊子有很强的触杀和驱避作用，击倒力强。主要用于防治蚊虫、家蝇、蜚蠊等卫生害虫。

188 烯啶虫胺的特点及防治对象是什么？

又称吡虫胺、强星。具有触杀和胃毒作用，并且具有优良的内吸和渗透作用，高效、低毒、低残留、残效期长，对刺吸式口器害虫有良好的防治效果。作用于昆虫神经系统，对害虫的突触受体具有神经阻断作用，在自发放电后扩大隔膜位差，并最后使突触隔膜刺激下降，结果导致神经的轴突触隔膜电位通道刺激消失，致使害虫麻痹死亡。具有卓越的内吸性及渗透作用。用于防治水稻、蔬菜、果树和茶树等作物上的多种害虫，如稻飞虱、蚜虫、叶蝉、粉虱、蓟马等。

189 硝虫硫磷的特点及防治对象是什么？

有机磷类广谱性杀虫、杀螨剂，具有触杀、胃毒和强渗透作用，有高效、低毒、低残留、持效期长等特点，对柑橘矢尖蚧有优异的防治效果。其作用机理与其他有机磷杀虫剂相同。用于防治柑橘、水稻、棉花、小麦、茶叶、蔬菜等作物上的害虫，如柑橘矢尖蚧、柑橘红蜘蛛、稻飞虱、蚜虫、棉铃虫、菜青虫、小菜蛾、黑刺粉虱等。

190 辛硫磷的特点及防治对象是什么？

高效、低毒有机磷杀虫剂，可抑制昆虫体内胆碱酯酶的活性，杀虫谱广，击倒力强，主要以触杀和胃毒作用为主，兼具一定的杀卵作用，无内吸性，对鳞翅目幼虫很有效。在田间因对光不稳定，很快分解，所以残留期短，残留危险小，但在土壤中较稳定，残效期可达1个月以上，尤其适用于土壤处理防治地下害虫。防治棉铃虫、棉蚜、稻纵卷叶螟、玉米螟、菜青虫、甜菜夜蛾、小菜蛾、烟青虫、桃小食心虫、梨小食心虫、苹果潜叶蛾、柑橘潜叶蛾、地老虎、金针虫、蝼蛄、蛴螬等，以及各种食叶害虫、叶螨，还可以防治多种仓储、卫生害虫。某些蔬菜如黄瓜、菜豆、甜菜等对辛硫磷敏感，易产生药害。高粱对辛硫磷敏感，不宜喷撒使用；玉米田只能用颗粒剂防治玉米螟，不要喷雾防治蚜虫、黏虫等。

191 溴虫腈的特点及防治对象是什么？

又称除尽。杀虫、杀螨剂，主要是胃毒作用，具有一定的触杀和杀卵作用，无内吸性，但具有良好的渗透作用，对钻蛀性、刺吸式口器害虫和害螨的防效优异，持效期中等。溴虫腈是一种杀虫剂前体，本身对昆虫无毒杀作用。昆虫取食或接触后，溴虫腈在昆虫体内多功能氧化酶的作用下转变为具有杀虫活性的化合物，作用于昆虫体细胞中的线粒体，阻断线粒体的氧化磷酰化作用，最终导致昆虫能量代谢不足而死亡。用于防治棉花、大豆、蔬菜、果树、茶树、桑树、观赏植物等植物上的鳞翅目、同翅目、鞘翅目等多种害虫、害螨，如小菜蛾、甜菜夜蛾、斜纹夜蛾、菜蚜、黄条跳甲、烟蚜夜蛾、棉铃虫、棉红蜘蛛、美洲斑潜蝇、豆野螟、蓟马、红蜘蛛、茶尺蠖、茶小绿叶蝉、柑橘潜叶蛾、二斑叶螨、朱砂叶螨等。也可用于防治白蚁。傍晚施药更有利于药效发挥。

192 溴氰虫酰胺的特点及防治对象是什么？

作用机理是通过激活昆虫鱼尼汀受体，过度释放肌肉细胞内的钙离子，导致肌肉抽搐、麻痹，最终死亡。与氯虫苯甲酰胺相比，溴氰虫酰胺具有更广谱的杀虫活性，对刺吸式口器害虫具有优异的防效，并且具有良好的渗透性和局部内吸传导活性。用于防治水稻、玉米、棉花、大豆、马铃薯、烟草、橄榄、葫芦、咖啡、蔬菜、果树、茶树、坚果类等作物上的咀嚼式、刺吸式、锉吸式和舐吸式口器害虫，如粉虱、蚜虫、蓟马、木虱、潜叶蝇、甲虫等。

193 溴氰菊酯的特点及防治对象是什么？

又称敌杀死。杀虫剂，杀虫谱广、击倒力强。以触杀和胃毒作用为主，无熏蒸和内吸作用，在高浓度下对一些害虫有驱避作用。对鳞翅目、直翅目、缨翅目、半翅目、双翅目、鞘翅目等多种害虫有效，但对蛾类、螨类、介壳虫、盲蝽象等防效很低或基本无效。防治多种害虫，如蚜虫、棉铃虫、棉红铃虫、菜青虫、小菜蛾、斜纹夜蛾、甜菜夜蛾、黄守瓜、黄条跳甲、桃小食心虫、梨小食心虫、桃蛀螟、柑橘潜叶蛾、茶尺蠖、茶毛虫、刺蛾、茶细蛾、大豆食心虫、豆荚螟、豆野螟、豆天蛾、芝麻天蛾、芝麻螟、菜粉蝶、斑粉蝶、烟青虫、甘蔗螟虫、麦田黏虫、松毛虫等。还可以防治仓储、卫生害虫。

194 烟碱的特点及防治对象是什么？

又称尼古丁。具有胃毒、触杀和熏蒸作用，并有杀卵作用，无内吸性。烟碱易挥发，持效期短，但它的盐类（如硫酸烟碱）较稳定，残效期较长。它的蒸气可从虫体任何部位侵入体内而发挥毒杀作用。用于防治棉花、水稻、烟草、甘蔗、茶叶、蔬菜和果树等作物上的同翅目、鞘翅目、双翅目、鳞翅目等多种害虫，如蚜虫、烟青虫、甘蔗螟虫、夜蛾、小菜蛾、斑潜蝇、粉虱、地老虎、蛴螬、蝼蛄、象甲、地蛆等。

195 依维菌素的特点及防治对象是什么？

具有驱杀作用，无内吸性，在土壤中易被微生物代谢分解，对环境安全。其作用机理是通过作用于昆虫神经系统中的γ-氨基丁酸（GABA）受体，促进抑制性递质中的γ-氨基丁酸过度释放，同时打开谷氨酸门控的氯离子通道，增强神经膜对氯离子的通透性，导致细胞膜超极化，从而阻断神经信号的传递，最终导致昆虫麻痹而死亡。它也是一种新型的广谱、高效、低毒抗寄生虫药，对体内外寄生虫特别是线虫和节肢动物均有良好的驱杀作用，但对绦虫、吸虫及原生动物无效。防治鳞翅目害虫，如小菜蛾、烟青虫、菜青虫等，以及林木和土壤中的白蚁。还可防治奶牛、狗、猫、马、猪、羊等家畜体内寄生虫、线虫、昆虫、螨虫等。

196 乙基多杀菌素的特点及防治对象是什么？

又称艾绿士。属于新型大环内酯类抗生素杀虫剂，具有胃毒和触杀作用。其作用机理是作用于昆虫神经系统中的烟碱型乙酰胆碱受体和γ-氨基丁酸（GABA）受体，致使昆虫对兴奋性或抑制性的信号传递反应不敏感，影响正常的神经活动，直至死亡。用于防治水稻、蔬菜（如甘蓝等）、果树（如苹果、梨、柑橘等）、茄子、大豆、坚果、甘蔗等作物上的多种害虫，如稻纵卷叶螟、小菜蛾、甜菜夜蛾、斜纹夜蛾、豆荚螟、蓟马、潜叶蝇、苹果蠹蛾、苹果卷叶蛾、梨小食心虫、橘小实蝇等。

197 乙硫虫腈的特点及防治对象是什么？

又称乙虫腈。低毒杀虫剂。乙虫腈为苯基吡唑类杀虫剂，是γ-氨基丁酸受体抑制剂。通过γ-氨基丁酸干扰氯离子通道，从而破坏中枢神经的正常活动，使昆虫致死。该药对昆虫GABA氯离子通道的束缚比对脊椎动物更加紧密，因而提供了很高的选择毒性。本品低用量下对多种咀嚼式和刺吸式害虫有效，可用于种子处理和叶面喷雾，持效期长达21～28天。用于防治蓟马、蝽、象虫、甜菜麦蛾、蚜虫、飞虱和蝗虫等，对某些粉虱也表现出活性，特别是对极难防治的水稻害虫稻绿蝽有很强的活性。

198 乙嘧硫磷的特点及防治对象是什么？

又称乙氧嘧啶磷。具有触杀和胃毒作用，无内吸性。其作用机理与其他有机磷杀虫剂相同。用于防治果树、蔬菜、水稻、马铃薯、玉米和苜蓿等作物上的鳞翅目、鞘翅目、双翅目和半翅目等多种害虫，如稻纵卷叶螟、二化螟、三化螟等。

199 乙氰菊酯的特点及防治对象是什么？

低毒拟除虫菊酯类杀虫剂，具有触杀作用，还具有忌避、拒食和拒产卵作用，几乎无胃毒作用，无内吸和熏蒸作用。作用机理是通过作用于昆虫神经系统，抑制钠离子通道功能，破坏神经传导活动，导致昆虫麻痹而死亡。

200 乙酰甲胺磷的特点及防治对象是什么？

又称杀虫灵。低毒、广谱性有机磷杀虫剂，作用于昆虫胆碱酯酶。具有胃毒和触杀作用，并有一定的杀卵和熏蒸作用，有内吸性。是一种缓效型杀虫剂，在施药后初效作用缓慢，2～3天后效果显著，后效作用强，持效期可达10～21天。防治多种咀嚼式、刺吸式口器害虫和害螨，如水稻二化螟、稻纵卷叶螟、稻飞虱、水稻叶蝉、棉铃虫、棉蚜、盲蝽象、玉米螟、黏虫、菜青虫、烟青虫、茶尺蠖、柑橘介壳虫、柑橘红蜘蛛、桃小食心虫等，以及卫生害虫如蜚蠊等。

201 异丙威的特点及防治对象是什么？

又称叶蝉散。作用于昆虫胆碱酯酶。具有触杀、内吸作用，并有一定的渗透作用，而且击倒力强，药效迅速，但残效期较短。用于防治水稻、棉花、甘蔗、马铃薯、瓜类、蔬菜等作物上的害虫，如水稻叶蝉、飞虱、蚜虫、棉花盲蝽象、蓟马、白粉虱、甘蔗扁飞虱、马铃薯甲虫、厩蝇等。

202 抑食肼的特点及防治对象是什么？

又称虫死净。通过降低或抑制幼虫和成虫的取食能力，促使昆虫加速脱皮，减少产卵，阻碍昆虫繁殖，从而达到杀虫的目的。以胃毒作用为主，具有较强的内吸性，速效较差，但持效期较长。用于防治水稻、马铃薯、蔬菜、果树等作物上的鳞翅目、鞘翅目、双翅目等多种害虫，如稻纵卷叶螟、稻黏虫、二化螟、马铃薯甲虫、菜青虫、斜纹夜蛾、小菜蛾、苹果蠹蛾、舞毒蛾、卷叶蛾等。

203 印楝素的特点及防治对象是什么？

又称蔬果净、楝素。印楝素可分为印楝素-A、-B、-C、-D、-E、-F、-G、-I共8种，印楝素通常是指印楝素-A。具有拒食、忌避、内吸和抑制生长发育作用。主要作用于昆虫的内分泌系统，降低蜕皮激素的释放量；也可以直接破坏表皮结构或阻止表皮几丁质的形成，或干扰呼吸代谢，影响生殖系统发育等。它是目前世界上公认的广谱、高效、低毒、易降解、无残留的生物农药，而且没有抗药性。能防治200多种害虫，如小菜蛾、斜纹夜蛾、甜菜夜蛾、黄条跳甲、白粉虱、蚜虫、烟青虫、棉铃虫、水稻二化螟、三化螟、稻纵卷叶螟、稻水象甲、稻飞虱、稻蝗、玉米螟、柑橘潜叶蛾、柑橘木虱、锈壁虱、桃小食心虫、橘小实蝇、美洲斑潜蝇、茶毛虫、茶小绿叶蝉、松材线虫等，对草原飞蝗有特效，还可以防治螨类。

204 茚虫威的特点及防治对象是什么？

又称安打。具有强烈的胃毒和触杀作用。其有独特的作用机理，在昆虫体内被水解酶迅速转化为DCJW（*N*-去甲氧羰基代谢物），由DCJW作用于昆虫神经细胞失活态电压门控钠离子通道，不可逆地阻断昆虫体内的神经冲动传递，破坏神经冲动传递，导致害虫运动失调、不能进食、麻痹并最终死亡。药剂通过接触和取食进入昆虫体内，0～4h内昆虫即停止取食，随即被麻痹，昆虫的协调能力会下降（可导致幼虫从作物上落下），一般在用药后24～60h内死亡，与其他杀虫剂不存在交互抗性，可用于害虫的综合防治和抗性治理。茚虫威结构中仅（S）-异构体有活性。能防治多种害虫，如甜菜夜蛾、小菜蛾、菜青虫、斜纹夜蛾、甘蓝夜蛾、棉铃虫、烟青虫、卷叶蛾类、叶蝉、苹果蠹蛾、葡萄小食心虫、棉大卷叶蛾、棉金刚钻、马铃薯甲虫、牧草盲蝽等。

205 鱼藤酮的特点及防治对象是什么？

又称毒鱼藤、鱼藤精。主要是触杀和胃毒作用，无内吸性，见光易分解，在作物上的残留时间短。其作用机理是通过作用于昆虫的线粒体呼吸链，抑制线粒体复合体I（NADH脱氢酶-辅酶Q）的作用，阻断昆虫细胞的电子传递，从而降低体内的ATP水平，最终使害虫得不到能量供应，然后行动迟滞、麻痹而缓慢死亡。用于防治蔬菜（黄瓜）、水稻、棉花、果树等作物上的害虫，如蚜虫、黄条跳甲、蓟马、菜青虫、斜纹夜蛾、甜菜夜蛾、小菜蛾、斑潜蝇、黄守瓜、飞虱、猿叶虫等。

206 仲丁威的特点及防治对象是什么？

具有强烈的触杀作用，并具一定的胃毒、熏蒸和杀卵作用。对飞虱、叶蝉有特效，作用迅速，但残效期短。无内吸性，但有较强的渗透作用。用于防治水稻、小麦、棉花、茶叶、甘蔗等作物上的害虫，如稻飞虱、叶蝉、蓟马、蚜虫、三化螟、稻纵卷叶螟、棉铃虫、棉蚜、象鼻虫等；以及卫生害虫，如蚊、蝇及蚊幼虫等。

207 唑虫酰胺的特点及防治对象是什么？

又称捉虫朗。杀虫、杀螨剂。具有毒性低、杀虫谱广、见效快、持效期较长、无交互抗性等特性。以触杀作用为主，无内吸性，还具有杀卵、拒食、抑制产卵及杀菌作用。作用机理为阻碍线粒体的代谢系统中的电子传达系统复合体Ⅰ，从而使电子传达受到阻碍，使昆虫不能提供和储存能量，被称为线粒体电子传达复合体阻碍剂（METI）。用于防治蔬菜、果树、花卉、茶叶等作物上的鳞翅目、半翅目、甲虫目、膜翅目、双翅目、缨翅目等多种害虫及螨类，如小菜蛾、斜纹夜蛾、甜菜夜蛾、黄条跳甲、蓟马、蚜虫、潜叶蛾、螟虫、粉虱、飞虱、斑潜蝇、柑橘锈螨、梨叶锈螨、番茄叶螨等。对黄瓜、茄子、番茄、白菜等的幼苗可能有药害。

第三章 杀螨剂知识

208 什么是杀螨剂？

指用来预防、消灭或者控制蛛形纲中有害螨类的一类农药。

209 什么是专性杀螨剂？

即通常所说的杀螨剂，指只杀螨不杀虫或以杀螨为主的农药。

210 什么是兼性杀螨剂？

指以防治害虫或病菌为主、兼有杀螨活性的农药，这类农药又叫杀虫杀螨剂或杀菌杀螨剂。

211 常见作物的害螨种类？

（1）苹果：二斑叶螨、山楂叶螨（红蜘蛛）、苹果叶螨（全爪螨）等。

（2）桃、梨：山楂叶螨等。

（3）柑橘：柑橘全爪螨（红蜘蛛）、叶始螨（黄蜘蛛）、瘿螨（瘤壁虱）、锈螨（锈壁虱）等。

（4）棉花：二斑叶螨、神泽氏叶螨、朱砂叶螨、截形叶螨等。

（5）茶树：侧多食跗线螨、茶瘿螨、茶叶螨、短须螨等。

（6）蔬菜：番茄瘿螨、神泽氏叶螨、侧多食跗线螨等。

212 捕食螨及种类有哪些？

专门以捕食植食性螨类为生，比如智利螨、钝绥螨、畸螯螨等。捕食螨类是消灭害螨的天敌，在以螨治螨中，能发挥显著的作用。捕食螨是许多益螨的总称，其范围包括胡瓜钝绥螨、智利小植绥螨、瑞氏钝绥螨、长毛钝绥螨、巴氏钝绥螨、加州钝绥螨、尼氏钝绥螨、纽氏钩绥螨、德氏钝绥螨和拟长毛钝绥螨等。

213 杀螨剂的结构类型及作用方式是什么？

（1）按化学结构分类

① 有机氯杀螨剂，如三氯杀螨醇、敌螨丹。

② 有机硫杀螨剂，如克螨特、杀螨硫醚、杀螨酯。

③ 有机锡杀螨剂，如苯丁锡、三唑锡。

④ 硝基苯类杀螨剂，如消螨通、乐杀螨。

⑤ 杂环类杀螨剂，如嘧螨酯、唑螨酯、噻螨酮、哒螨酮、四螨嗪等。

⑥ 脒类杀螨剂，如单甲脒、双甲脒。

⑦ 拟除虫菊酯类杀螨剂，如胺氟氰菊酯等。

⑧ 生物源杀螨剂，如浏阳霉素、阿维菌素、华光霉素。

（2）按作用方式分类

① 呼吸链复合体抑制剂。通过抑制线粒体的呼吸作用来达到杀螨的效果。这类杀螨剂包括复合体Ⅰ的电子传递抑制剂（NADH 脱氢酶）唑螨酯、哒螨酮、喹螨醚、吡螨胺、嘧螨醚、灭螨醌、溴虫腈、灭螨酯，以及硝基苯类杀螨剂等，其中，大多数属于杂环类杀螨剂。

② 生长抑制剂。通过抑制螨类的脱皮和脂质物质的形成来影响螨类的生长发育。近年来研制的苯甲酰脲类、四嗪类、噁唑啉类等对螨的生长发育有较大的影响。

③ 神经性毒剂。这是传统杀螨剂的主要作用方式和机制。包括有机磷、有机氯、有机硫、氨基甲酸酯和拟除虫菊酯、大环内酯阿维菌素的类似物以及肼酯类化合物等。

（3）按螨的虫态分类

① 以杀卵为主的杀螨剂。

② 以杀幼螨为主的杀螨剂。

③ 以杀成螨为主，同时对幼螨有很好的控制作用的杀螨剂。

④ 对螨的各种螨态都有效的杀螨剂。

214 使用杀螨剂有哪些注意事项？

（1）把握最佳防治时期。根据螨类的特点，一般掌握在螨卵孵化的盛期施药。对于虫口数量，如果田间的天敌保护比较好，在螨数量少的时候可以不采用化学药剂防治，但在作物生长的重要时期，螨类的数量又比较多，可以考虑采用药剂来降低虫口数量。

（2）化学防治要与其他防治措施相结合。在生产上要注意抗螨品种的利用，轮作和进行田间清洁等农业防治措施的应用，要注意发挥天敌的防治效果。

（3）对不同的害螨选择恰当的药剂。由于螨类的种类很多，一些药剂可能对这种螨有效，但对另一种螨就不一定有效。如叶螨科对有机磷和杀螨酯类比较敏感，而细须螨科则对有机磷类杀螨剂不敏感，跗线螨对硫丹很敏感，三苯锡对叶螨的效果很好，对捕食螨和其他捕食昆虫却毒性很低；硫黄类对瘿螨科的多数种类和叶螨科的始叶螨属、小爪螨属以及跗线螨科的侧杂食线螨很有效，而对同是跗线螨科的狭跗线螨属的螨类就不大有效。

（4）轮换用药，避免螨类产生抗药性。在螨类的化学防治中，最主要的问题是要避免害螨产生抗药性。要注意对不同作用机理的杀螨剂进行轮换使用，不能在同一季节、同一田块连续使用一种杀螨剂 2 次以上。

215 苯螨特的作用特点是什么？

对螨的各个发育期均显示较高的防治效果；该药具有较强的速效性和残效性，药后 5～30 天内能及时有效地控制虫口增长，同时，该药能防治对其他杀螨剂产生抗药性的螨，对天敌和作物都安全。

216 吡螨胺的作用特点是什么？

具有触杀和内吸作用，无交互抗性，对各种螨类和螨的发育全过程均具有速效、高效、持效期长、毒性低、无内吸性（有渗透性）等特性。

217 哒螨灵的作用特点是什么？

又称速螨灵、哒螨酮。该制剂为广谱、触杀性杀螨剂，可用于防治多种植物性害螨。对螨的整个生长期即卵、幼螨、若螨和成螨都有很好的效果，对移动期的成螨同样有明显的速杀作用。该药不受温度变化的影响，无论是早春或秋季使用，均可达到满意的效果。

218 氟螨嗪的作用特点是什么？

对成螨、若螨、幼螨及卵均有效。持效期长，低毒、低残留、安全性好。杀卵效果优异，对幼若螨也有良好的触杀作用。不能较快地杀死雌成螨，但对雌成螨有很好的绝育作用。雌成螨触药后所产的卵有 96%不能孵化，死于胚胎后期。该品在低浓度下有抑制害螨蜕皮、抑制害螨产卵的作用，稍高浓度就具有很好的触杀性，同时具有好的内吸性。

219 喹螨醚的作用特点是什么？

具有触杀和胃毒活性，作用于线粒体呼吸链复合体Ⅰ，占据其与辅酶 Q 的结合位点，致使螨虫中毒死亡。兼有快速击倒作用和长期持效作用；对害螨的卵、若虫和成虫均具有很高的活性。

220 浏阳霉素的作用特点是什么？

广谱性生物杀螨剂，具有亲脂性，接触螨体后，在其细胞膜上形成孔道，导致胞内 Na^+、K^+ 等金属离子渗出，细胞内外金属离子浓度平衡被破坏，致使螨类呼吸障碍而死亡。对成螨、若螨高效，但不能杀死螨卵。不杀伤捕食螨，害螨不易产生抗性，对叶螨、瘿螨都有效。防治棉花、茄子、番茄、豆类、瓜类、苹果、桃树、桑树、山楂、蔬菜、花卉等作物上的各种螨类；以及茶瘿螨、梨瘿螨、柑橘锈螨、枸杞锈螨等。也可以用于防治小菜蛾、甜菜夜蛾、蚜虫等蔬菜害虫。对人、畜低毒，对作物及多种天敌昆虫安全，对蜜蜂、家蚕也较安全。

221 螺螨甲酯的作用特点是什么？

作用机制和作用方式与螺虫乙酯相似，通过抑制害虫脂肪合成过程的乙酰辅酶A羧化酶活性，阻断害虫正常的能量代谢，最终导致死亡。同时还可以产生卵巢管闭合作用，降低螨虫和粉虱成虫的繁殖能力，大大减少产卵数量。与其他已商品化的杀虫、杀螨剂没有交互抗性。

222 螺螨酯的作用特点是什么？

又称螨危。对卵和若螨的活性好，对卵的防效最好，虽不杀雌成螨，但能使其绝育，螺螨酯的持效期长达40～50天，果园建议花前使用。

223 嘧螨胺的作用特点是什么？

具有优异的杀成螨、若螨和杀卵活性，优于嘧螨酯，速效性优于螺螨酯。

224 灭螨猛的作用特点是什么？

对成虫、卵、幼虫都有效，对白粉病有特效。

225 炔螨特的作用特点是什么？

又称克螨特。具有触杀和胃毒作用，对成螨、若螨有效，杀卵效果差，在温度20℃以上时，药效可提高。对柑橘嫩梢有药害，对甜橙幼果也有药害，在高温下用药对果实易产生日灼病，还会影响脐部附近退绿，因此，用药时不得随意提高浓度。炔螨特是目前杀螨剂中不易出现抗性、药效较为稳定的品种之一。

226 噻螨酮的作用特点是什么？

又称尼索朗。该药对植物表皮层具有较好的穿透性，但无内吸传导作用。对多种植物害螨具有强烈的杀卵、杀幼（若）螨的特性，对成螨无效，但对接触到药液的雌成虫所产的卵具有抑制孵化的作用。该药属非感温型杀螨剂，在高温或低温时使用的效果无显著差异，药效较迟缓，施药后7～10天达到药效高峰，持效期达40～50天，建议花前使用。

227 三唑锡的作用特点是什么？

对若螨、成螨和夏卵都有较好的效果，但对越冬卵无效。三唑锡速效性好，残效期长，含三唑锡成分的杀螨剂在嫩梢期使用易引起药害。

228 四螨嗪的作用特点是什么？

又称阿波罗、螨死净。对卵的防治效果好，对若螨也有一定的活性，对成螨的效果差，四螨嗪药效迟缓，用药后10天才能显示出较好的防效，持效期长达50～60天，建议花前使用。

229 乙螨唑的作用特点是什么？

选择性触杀型杀螨剂。主要影响螨卵的胚胎形成以及从幼螨到成螨的蜕皮过程，对卵、幼螨有效，对成螨无效，但对雌性成螨具有很好的不育作用。具有内吸性和强耐雨性，持效期长达50天。

230 唑螨酯的作用特点是什么？

又称霸螨灵。对卵、幼螨、若螨、成螨均有良好的防治效果，唑螨酯速效性强，持效期达30天以上，建议落花后使用。除了对害螨各个生育期（卵、幼螨、若螨、成螨）均有良好的防治效果外，对二化螟、稻飞虱、小菜蛾、蚜虫等害虫也具有良好的杀虫效果，与其他药剂无交互抗性。

第四章

杀菌剂知识

231 什么是杀菌剂？

对病原微生物具有抑制和毒杀作用的化学物质。杀菌剂包括杀真菌剂、杀细菌剂、杀病毒剂、杀线虫剂、杀原生动物剂等。

232 病原微生物分哪几类？

一般指真菌、细菌、病毒、类原质体等，甚至还包括线虫。

233 什么是保护性杀菌剂？

在病害流行前（即在病菌没有接触到寄主或在病菌侵入寄主前）施用于植物体可能受害的部位，以保护植物不受侵染的药剂。目前所用的杀菌剂大都属于这一类，如波尔多液、代森锌、灭菌丹、百菌清等。

234 什么是治疗性杀菌剂？

在植物已经感病以后（即病菌已经侵入植物体或植物已出现轻度的病症、病状）施药，可渗入到植物组织内部，杀死萌发的病原孢子、病原体或中和病原的有毒代谢物以消除病症与病状的药剂。

235 什么是铲除性杀菌剂？

对病原菌有直接强烈杀伤作用的药剂。可以通过熏蒸、内渗或直接触杀来杀死病原体以消除其危害。在植物生长期，这类药剂不被忍受，故一般只用于植物休眠期或只用于种苗处理。

236 杀菌作用和抑菌作用的区别是什么？

（1）中毒病菌的症状　病原菌中毒的症状主要表现为：菌丝生长受阻、畸形、扭曲等；孢子不能萌发；各种子实体、附着胞不能形成；细胞膨胀、原生质瓦解、细胞壁破坏；病菌长期处于静止状态。

（2）杀菌和抑菌的区别　从中毒症状看，杀菌主要表现为孢子不能萌发，而抑菌表现为菌丝生长受阻（非死亡），药剂解除后即可恢复生长。从作用机理看，杀菌主要是影响生物氧化（孢子萌发需要较多的能量），而抑菌主要是影响生物合成（菌丝生长耗能较少）。

（3）杀菌和抑菌的影响因素

① 药剂本身的性质：一般来说，重金属盐类、有机硫类杀菌剂多表现为杀菌作用，而许多内吸杀菌剂，特别是农用抗生素则常表现为抑菌作用。

② 药剂浓度：一般来说，杀菌剂在低浓度时表现为抑菌作用，而在高浓度时表现为杀菌作用。

③ 药剂作用时间：作用时间短，常表现为抑菌作用，延长作用时间，则表现为杀菌作用。

237 杀菌剂有哪些施用方法？

包括喷雾法、喷粉法、种子处理法和土壤处理法等。

238 杀菌剂的作用机理有哪些？

（1）抑制或干扰病菌能量的生成。

（2）抑制或干扰病菌的生物合成。

（3）对病菌的间接作用。

239 植物病害化学防治是什么？

使用化学药剂处理植物及其生长环境，以减少或消灭病原生物或改变植物代谢过程，提高植物抗病能力，从而达到预防或阻止病害的发生和发展的目的。

240 什么是化学保护？

指病原菌侵入植物之前用药把病菌杀死或阻止其侵入，使植物避免受害而得到保护。

241 什么是化学治疗？

在植株感病或发病后，施用杀菌剂，使之对植物或病菌发生作用，从而改变病菌的致病过程，达到减轻或消灭病害的目的，主要有三种方法。

（1）表面化学治疗。有些病菌主要附着在植物表面，如小麦白粉病菌的吸孢或吸盘伸入寄主植物组织，施用石硫合剂、庆丰霉素可使菌丝萎缩、脱落，可称为铲除作用。

（2）内部化学治疗。药剂进入植物体后，直接（或经过转化）作用于病菌，使病害得以控制。药剂对病菌有两种可能的作用：一是药剂对病菌的直接毒杀作用、抑制作用或影响病菌的致病过程；二是药剂影响植物代谢，改变植物对病菌的反应而减轻或阻止病害的发生，即提高植物对病菌的抵抗力。

（3）外部（局部）化学治疗。外部化学治疗与表面化学治疗相似，主要用于果树病害防治，在树干或大枝条树皮被病害侵染发病后，先用刀子刮去病部，然后在伤口处涂抹杀菌剂、保护剂、防水剂等。

242 什么是化学免疫？

施用药剂以提高植物本身的抵抗能力，免于发病，即为化学免疫，是一种间接的植物病害防治方法。

243 非内吸性杀菌剂的特点是什么？

（1）广谱性，一种药剂能够防治的病害种类较多。

（2）药剂多在植物体表形成药剂沉积，以保护植物不受病菌侵染。有些药剂虽能就近渗入植物体内，但却不能传导至未直接施药的部位。

（3）一般作为预防性施药，即在病原菌尚未侵入植物体时用药。第一次施药时期是否合适至关重要，常常会影响整个生长季节的防治效果。

（4）在植物体形成的药液是否均匀，会明显地影响药效。因此，要求施药规范，务必使药液（粒）在植物体表面的沉积分布均匀。

（5）由于药剂附着在植物体表，所以诸如降水、温度、刮风等天气因素常直接影响药剂的再分布、稳定、存留和流失，从而影响药剂效果。

（6）与内吸性杀菌剂相比，非内吸性杀菌剂较不易诱发病菌产生抗药性。

244 内吸性杀菌剂的特点是什么？

（1）药剂被植物内吸后，在植物体内质外体运转，即从下而上单向输导，浇土或拌种可使药剂从根部吸收后由木质部向上输导，发挥良好的防病效果；叶丛喷雾，药剂内吸分布在植物有蒸腾作用的器官，没有蒸腾作用的器官如花、果则没有或很少有药到达；有些内吸剂在没有光照的情况下，在植物体内不会输导，如哌嗪类；有些内吸剂会大量集中到病部，健康部位很少有药，在完全无病的叶片上则大量集中在叶缘，如氧化萎锈灵。这样的输导和分布特点，都会给防病作用带来一定的不良影响。

（2）药剂在木本植物体内的移动性较草本植物差。

（3）出现了影响病菌致病过程的抗穿透化合物，并在生产上有应用成功的品种，如三环唑；在提高寄主植物抗病性的研究中，找到了植物后天系统抗病性激活剂。

245 无杀菌毒性药剂的作用特点是什么？

药剂喷到植物上，在能起到防病效果的浓度下，对病菌本身却没有毒性或几乎没有毒性。这类药剂直接作用于病菌，影响病菌的致病能力，使其不能侵入植物或不能在植物组织内定植，不能发展形成病害；或通过干扰病菌致病的关键因素（如真菌毒素和酶的活性或者产物），从而削弱病菌的致病能力；也可以影响病菌和植物间的反应，使植物提高抗病能力。近年出现的植物保护活化剂，就是可激活植物后天系统抗病性，使植物产生自我保护作用，从而防止病害的发生。

246 抗药性的生理生化机制是什么？

病菌抗药性的生理生化机制，在于敏感点（作用部位）的变化。由于选择旁路而越过作用部位，减少对毒物的吸收或提高对毒物的解毒作用，加强或转化为更毒化合物的能力下降。前两点对单作用点杀菌剂的抗性发展较为重要，后两点对单一或多作用点的杀菌剂很重要。

247 抗药性治理对策的基本原则是什么？

应用混配的方法使具有抗药风险的杀菌剂处于最低的病菌选择之下，基础对策是考虑用药环境的有关因素；治理对策的决定应在抗药性问题形成之前制订实施。

(1) 使用混合药剂。有抗药风险的杀菌剂应当和多作用点的常规杀菌剂或另一单作用点而无正交互抗性关系的药剂混合使用。混合药剂要减量，但常规药剂不减，目的是保证药效而降低有抗药风险药剂的选择压。

(2) 轮换用药。有抗药风险的药剂与另一无交互抗性的药剂轮用或交替使用，每一药剂应当按常规药量使用，用药的对策是有抗药风险的药剂不可连续使用，以避免连续选择，如其中一种药出现抗药性，在产生抗药性之前应减少或限制使用，而两种药同时出现抗药性的机会很少。

(3) 混用与轮用相结合。在极端条件下使用混用与轮用相结合的策略，以保护有抗药风险的药剂。

(4) 限制喷药次数。在每个生长季中限制喷药次数，这是降低选择压最简单的方法，一般高效药剂应用在防治关键时期。

(5) 施药的时机和药剂的适合程度。在病菌侵染压最高时期施药，会因选择形成更大的抗药选择压，因此，有抗药风险的药剂要在病菌群体最小最弱时期使用，在产后病害防治中不能再用有交互抗性关系的药剂。

248 氨基寡糖素的特点及防治对象是什么？

具有杀病毒、杀细菌、杀真菌作用。不仅对真菌、细菌、病毒具有极强的防治和铲除作用，而且还具有营养、调节、解毒、抗菌的功效。影响真菌孢子萌发，诱发菌丝形态发生变异、孢内生化发生改变等；能激发植物体内基因，产生具有抗病作用的几丁酶、葡聚糖酶、保素及PR蛋白等，并具有细胞活化作用，有助于受害植株的恢复，促根壮苗，增强作物的抗逆性，促进植物生长发育。用于防治花叶病、小叶病、斑点病、炭疽病、霜霉病、疫病、蔓枯病、黄矮病、稻瘟病、青枯病、软腐病等。

249 氨基酸络合铜的特点及防治对象是什么？

又称蛋白铜。是一类新型高效的铜离子杀菌剂，具有良好的杀菌效果。进入植物病菌细胞内部的铜离子毒害含巯基的酶，使这些酶控制的生化活动终止而杀死病原菌；氨基酸的作用是增加铜离子通过植物病菌细胞膜的能力，由于铜离子被络合，可以降低铜离子对作物的不利影响。主要防治枯萎病、青枯病、幼苗猝倒病、蔓枯病、白粉病、霜霉病等。

250 百菌清的特点及防治对象是什么？

又称达克宁。广谱、保护性杀菌剂。作用机理是能与真菌细胞中的3-磷酸甘油醛脱氢酶发生作用，与该酶中含有半胱氨酸的蛋白质结合，从而破坏该酶的活性，使真菌细胞的新陈代谢受到破坏而失去生命力。百菌清不进入植物体内，只在作物表面起保护作用，对已侵入植物体内的病菌无作用，对施药后新长出的植物部分亦不能起到保护作用。药效稳定，残效期长。用于防治甘蓝黑斑病、霜霉病，菜豆锈病、灰霉病及炭疽病，芹菜叶斑病，马铃薯晚疫病、早疫病及灰霉病，番茄早疫病、晚疫病、叶霉病、斑枯病，各种瓜类上的炭疽病、霜霉病等。梨、柿对百菌清较敏感，对玫瑰花有药害。

251 拌种咯的特点及防治对象是什么？

保护性杀菌剂，主要抑制菌丝内氨基酸合成和葡萄糖磷酰化有关的转移，并抑制真菌菌丝体的生长，最终导致病菌死亡。持效期4个月以上。对禾谷类作物种传病菌如雪腐镰刀菌有效，也可防治土传病害的病菌，如链格孢属、壳二孢属、曲霉属、葡萄孢属、镰孢霉属、长蠕孢属、丝核菌属和青霉属菌。

252 苯氟磺胺的特点及防治对象是什么？

又称抑菌灵。保护性杀菌剂，有一定的内吸性。防治灰霉病、白粉病、霜霉病，也可用于杀灭红蜘蛛。使用浓度过高对核果类果树有药害。

253 苯菌灵的特点及防治对象是什么？

高效广谱、内吸性杀菌剂，具有保护、治疗和铲除等作用。另外，还具有杀螨、杀线虫活性。杀菌方式与多菌灵相同，通过抑制病菌细胞分裂过程中纺锤体的形成而导致病菌死亡。对子囊菌纲、半知菌类及某些担子菌纲的真菌引起的病害有良好的抑制活性，对锈菌、鞭毛菌和结核菌无效。用于防治白粉病、赤霉病、稻瘟病、疮痂病、炭疽病、灰霉病、叶霉病、黑星病、灰斑病、茎枯病、菌核病、褐斑病、黑斑病和腐烂病等。

254 苯菌酮的特点及防治对象是什么？

又称灭芬农。通过干扰孢子萌发时的附着胞的发育与形成，抑制了白粉病的孢子萌发，其次通过干扰极性肌动蛋白组织的形成，使病菌的菌丝体顶端细胞的形成受到干扰和抑制，从而阻碍了菌丝体的正常发育与生长，抑制和阻碍了白粉病菌的侵害。对各类白粉病有良好的保护、治疗、铲除和抑制产孢的作用，尤其是对禾谷类作物的白粉病有特效。主要用于谷类、葡萄和黄瓜等作物防治白粉病和眼点病。

255 苯醚甲环唑的特点及防治对象是什么？

又称世高。内吸性杀菌剂，具有保护和治疗作用。抗菌机制是抑制细胞壁甾醇的生物合成，可阻止真菌的生长。杀菌谱广，对子囊菌纲、担子菌纲和包括链格孢属、壳二孢属、尾孢霉属、刺盘孢属、球座菌属、茎点霉属、柱隔孢属、壳针孢属、黑星菌属在内的半知菌、白粉菌科、锈菌目及某些种传病菌有持久的保护和治疗作用。对葡萄炭疽病、白腐病的效果也很好。叶面处理或种子处理可提高作物的产量和保证品质。施药时间宜早不宜迟，应在发病初期进行喷药效果最佳。

256 苯噻菌胺酯的特点及防治对象是什么？

高效、低毒、广谱的细胞合成抑制剂。具有很好的预防、治疗作用，并且有很好的持效性和耐雨水冲刷性。苯噻菌胺对疫霉病具有很好的杀菌活性，在低浓度下，对其孢子囊的形成、孢子囊的萌发有很好的抑制作用。对葡萄霜霉病菌、瓜类霜霉病菌、十字花科霜霉病菌、马铃薯和番茄的晚疫病有效。可以和多种杀菌剂复配。

257 苯霜灵的特点及防治对象是什么？

又称灭菌安、本达乐。一种高效、低毒、药效期长的内吸性杀菌剂，对作物安全，兼具治疗和保护作用。可被植物的根、茎、叶迅速吸收，双向传导，并迅速被运转到植物体内的各部位，因而耐雨水冲刷。用于防治卵菌纲病害，如葡萄的单轴霉菌，马铃薯、草莓、番茄的疫霉菌，烟草、洋葱、大豆的霜霉菌，黄瓜的假霜霉菌等，如马铃薯霜霉病，葡萄霜霉病，烟草、大豆和洋葱上的霜霉病，黄瓜和观赏植物上的霜霉病，草莓、观赏植物和番茄上的疫霉病，由莴苣上的莴苣盘梗霉菌以及观赏植物上的丝囊霉菌和腐霉菌引起的病害。易产生抗性，与其他作用机制的杀菌剂交替使用。

258 苯酰菌胺的特点及防治对象是什么？

一种高效保护性杀菌剂，具有长的持效期和很好的耐雨水冲刷能力，通过微管蛋白 β-亚基的结合和微管细胞骨架的破裂来抑制菌核分裂。不影响游动孢子的游动、孢囊形成和萌发，伴随着菌核分裂的第一个循环，芽管的伸长受到抑制，从而阻止病菌穿透寄主植物。防治卵菌纲病害如马铃薯晚疫病和番茄晚疫病、黄瓜霜霉病和葡萄霜霉病，对葡萄霜霉病有特效。对蚜茧蜂和草蛉有微害。

259 苯锈啶的特点及防治对象是什么？

内吸性杀菌剂，具有保护、治疗和铲除活性，是甾醇生物合成抑制剂，持效期约 28 天。对白粉菌科真菌，尤其是禾白粉菌、黑麦喙孢和柄锈菌有特效。

260 苯氧菌胺的特点及防治对象是什么？

具有保护、治疗、铲除、渗透、内吸活性。线粒体呼吸抑制剂，即抑制真菌线粒体呼吸链的细胞色素 bc1 复合体，通过抑制电子传递而抑制菌体呼吸。防治对 14-脱甲基化酶抑制剂、苯甲酰胺类、二羧酰胺类和苯并咪唑类产生抗性的菌株。除对稻瘟病有特效外，对白粉病、霜霉病等亦有良好的活性。

261 苯氧喹啉的特点及防治对象是什么？

又称快诺芬、喹氧灵。内吸性、保护性杀菌剂，对白粉病预防有特效，并具有蒸气相活性，移动性好，可以抑制附着胞的生长，不具有铲除作用。它通过内吸向顶、向基部传输；并通过蒸气相移动，实现药剂在植株中的再分配。叶面施药后，药剂可迅速地渗入到植物组织中，并向顶端转移，持效期长达 70 天。作用于白粉病侵染前的生长阶段，可有效防治谷物白粉病、甜菜白粉病、瓜类白粉病、辣椒和番茄白粉病、葡萄白粉病、桃树白粉病以及草莓和蛇麻白粉病等。

262 吡菌磷的特点及防治对象是什么？

又称吡嘧磷、定菌磷。有机磷杀菌剂，属于黑色素合成抑制剂，具有保护、治疗及内吸作用，具有较强的向顶传导作用，可由叶和茎吸收并传导。防治各种白粉病以及根腐病和云纹病等。并兼有杀蚜、螨、潜叶蝇、线虫的作用。根部吸收较差，不宜拌种和土壤施用，残效期长达 3 周。

263 吡噻菌胺的特点及防治对象是什么？

又称富美实。高活性、杀菌谱广、无交互抗性，通过抑制琥珀酸脱氢酶，破坏病菌呼吸而发挥效果，使病原菌呼吸受阻而死亡。防治锈病、菌核病、灰霉病、霜霉病、苹果黑星病和白粉病。

264 吡唑醚菌酯的特点及防治对象是什么？

又称凯润。新型广谱杀菌剂，具有保护、治疗、叶片渗透传导作用。作用机理为线粒体呼吸抑制剂，即通过在细胞色素合成中阻止电子转移。它能控制子囊菌纲、担子菌纲、半知菌纲、卵菌纲等大多数病害。对孢子萌发及叶内菌丝体的生长有很强的抑制作用。具有渗透性及局部内吸活性，持效期长，耐雨水冲刷。防治黄瓜白粉病、霜霉病和香蕉黑星病、叶斑病、菌核病等。

265 吡唑萘菌胺的特点及防治对象是什么?

又称双环氟唑菌胺。作用机理是抑制线粒体内膜上电子传递链中的琥珀酸脱氢酶还原酶的作用，使得病原真菌无法经由呼吸作用产生能量，进而阻止病菌的生长。在田间对病害的防效高，持效期长，且增产效果显著。在黄瓜白粉病发病初期使用，安全间隔期为 3 天。

266 丙环唑的特点及防治对象是什么?

又称敌力脱、必扑尔。一种具有治疗和保护双重作用的内吸性三唑类广谱杀菌剂。作用机理是影响甾醇的生物合成，使病原菌的细胞膜功能受到破坏，最终导致细胞死亡，从而起到杀菌、防病和治病的功效。可被根、茎、叶部吸收，快速地在植物体内向上传导。防治由子囊菌、担子菌和半知菌所引起的病害，特别是对小麦根腐病、白粉病、颖枯病、纹枯病、锈病、叶枯病，大麦网斑病，葡萄白粉病，水稻恶苗病等有较好的防治效果。对卵菌类病害无效。

267 丙硫菌唑的特点及防治对象是什么?

具有很好的内吸活性，优异的保护、治疗和铲除活性，且持效期长。作用机理是抑制真菌中甾醇的前体——羊毛甾醇或 24-亚甲基二氢羊毛甾醇 14 位上的脱甲基化作用，即脱甲基化抑制剂。丙硫菌唑及其代谢物在土壤中表现出相当低的淋溶和积累作用。丙硫菌唑具有良好的生物毒性和生态毒性，对使用者和环境安全。对所有麦类病害都有很好的防治效果，如小麦和大麦的白粉病、纹枯病、枯萎病、叶斑病、锈病、菌核病、网斑病、云纹病等。还能防治油菜和花生的土传病害，如菌核病，以及主要的叶面病害，如灰霉病、黑斑病、褐斑病、黑胫病、菌核病和锈病等。

268 丙森锌的特点及防治对象是什么?

又称安泰生。持效期长、速效性好、广谱的保护性杀菌剂，作用于真菌细胞壁和蛋白质的合成，并抑制病原菌体内丙酮酸氧化，从而抑制病原菌孢子的侵染和萌发以及菌丝体的生长。该药含有易被作物吸收的锌元素，可以促进作物生长、提高果实品质。防治白菜霜霉病、黄瓜霜霉病、番茄早晚疫病、芒果炭疽病。对蔬菜、烟草、啤酒花等作物的霜霉病以及番茄和马铃薯的早、晚疫病均有良好的保护作用，并且对白粉病、锈病和由葡萄孢属病菌引起的病害也有一定的抑制作用。

269 丙氧喹啉的特点及防治对象是什么?

主要作用方式是抑制真菌孢子的萌发，防止附着胞的形成。其次是刺激寄主防御基因的表达。在感病初期使用，持效期长达 4～6 周。用于作物和葡萄上，抑制孢子萌发和白粉病生长。

270 春雷霉素的特点及防治对象是什么?

又称春日霉素。具有预防和治疗作用，有很强的内吸性。能干扰菌体酯酶系统的氨基酸代谢，抑制蛋白质合成。可使菌丝膨大变形、停止生长、横边分枝、细胞质颗粒化，从而达到抑制病菌的效果。植株体外杀菌能力弱，内吸性强，耐雨水冲刷，持效期长。主要防治水稻稻瘟病，包括苗瘟、叶瘟、穗颈瘟、谷粒瘟。也可用于防治烟草野火病，蔬菜、瓜果等多种细菌和真菌病害，如番茄叶霉病、黄瓜细菌性角斑病、黄瓜枯萎病、甜椒褐斑病、白菜软腐病、柑橘溃疡病、辣椒疮痂病、芹菜早疫病等。对大豆、菜豆、豌豆、葡萄、柑橘、苹果有轻微药害。

271 哒菌酮的特点及防治对象是什么?

又称哒菌清。具有保护和治疗作用，通过抑制病原菌隔膜的形成和菌丝生长，从而达到杀菌的目的。防治水稻纹枯病和各种菌核病，花生的白霉病和菌核病等。

272 代森联的特点及防治对象是什么?

又称代森连、品润。一种优良的保护性杀菌剂。由于其杀菌范围广，不易产生抗性，防治效果明显优于其他同类杀菌剂，所以在国际上用量一直是大吨位产品，也是目前其他保护性杀菌剂的替代产品。对早疫病、晚疫病、疫病、霜霉病、黑胫病、叶霉病、叶斑病、紫斑病、斑枯病、褐斑病、黑斑病、黑星病、疮痂病、炭疽病、轮纹病、斑点落叶病、锈病等多种真菌性病害均具有很好的预防效果。

273 代森锰锌的特点及防治对象是什么?

又称叶斑清、大生。高效、低毒、广谱的保护性杀菌剂。作用机制是和参与丙酮酸氧化过程的二硫辛酸脱氢酶中的巯基结合，从而抑制菌体内丙酮酸的氧化。可以与内吸性杀菌剂混配使用，来延缓抗药性的产生。对果树、蔬菜上的炭疽病和早疫病等有效。主要防治梨黑星病，柑橘疮痂病、溃疡病，苹果斑点落叶病，葡萄霜霉病，荔枝霜霉病、疫霉病，青椒疫病，黄瓜、香瓜、西瓜霜霉病，番茄疫病，棉花烂铃病，小麦锈病、白粉病，玉米大斑病，烟草黑胫病，山药炭疽病、褐腐病、根茎腐病、斑点落叶病等。

274 代森锌的特点及防治对象是什么?

又称锌乃浦、培金。低毒、广谱杀菌剂。代森锌的化学性质比较活泼，在水中容易氧化成异硫氰化物，该化合物对病原菌体内含有—SH 基的酶具有很强的抑制作用，并能直接杀死病原菌孢子并抑制孢子发芽，防止病菌侵入植物体内，但对已侵入植物体内的病原菌菌丝体的杀伤作用很小。因此，使用代森锌防治植物病害，应在病害初期使用，才能取得较好的防治效果。防治白菜、黄瓜霜霉病，番茄炭疽病，马铃薯晚疫病，葡萄白腐病、黑斑病，苹果、梨黑星病等。葫芦科蔬菜对锌敏感，用药时要严格掌握浓度。

275 稻瘟灵的特点及防治对象是什么？

又称富士一号。具有保护和治疗作用，能够使稻瘟病菌分生孢子失去侵入宿主的能力，阻碍磷脂合成（由甲基化生成的磷脂酰胆碱），对病菌含甾醇族化合物的脂质代谢有影响，对病菌细胞壁成分有影响，能抑制菌丝侵入，防止吸器形成，控制芽孢生成和病斑扩大。具有渗透性，通过根和叶吸收，向上向下传导，从而转移到整个植株。防治水稻稻瘟病（叶瘟和穗颈瘟），果树、茶树、桑树、块根蔬菜上的根腐病。

276 敌磺钠的特点及防治对象是什么？

又称敌克松。内吸性杀菌剂，具有一定的内吸渗透性，以保护作用为主，也具有良好的治疗效果。施药后经根、茎吸收并传导，是较好的种子和土壤处理剂。遇光易分解。用作种子处理和土壤处理，也可喷雾。防治稻瘟病、稻恶苗病、锈病、猝倒病、白粉病、疫病、黑斑病、炭疽病、霜霉病、立枯病、根腐病和茎腐病，以及粮食作物的小麦腥黑穗病。

277 敌菌丹的特点及防治对象是什么？

多作用点的广谱、保护性杀菌剂。结构中的二甲酰亚氨基杀菌活性高，抑制病菌的分生孢子。防治果树、蔬菜和经济作物的根腐病、立枯病、霜霉病、疫病和炭疽病。防治番茄叶和果实病害，马铃薯枯萎病，咖啡、仁果病害以及防治其他农业、园艺和森林作物病害，也可作为木材防腐。可能对苹果、葡萄、柑橘、玫瑰有药害，用前需要谨慎试用。

278 敌菌灵的特点及防治对象是什么？

又称防霉灵。杂环类内吸性、广谱性杀菌剂，有内吸活性。防治瓜类炭疽病、瓜类霜霉病、黄瓜黑星病、水稻稻瘟病、胡麻叶斑病、烟草赤星病、番茄斑枯病、黄瓜蔓枯病等，对葡萄孢属、尾孢属、交链孢属、葡柄霉属等真菌有特效。水稻扬花期应停止用药。

279 丁苯吗啉的特点及防治对象是什么？

内吸性杀菌剂，能够向顶传导，对新生叶的保护作用时间长达 3～4 周，具有保护和治疗作用，是麦角甾醇生物合成抑制剂，能够改变孢子的形态和细胞膜的结构，并影响其功能，使病原菌受抑制或死亡。防治由柄锈菌属、黑麦喙孢，禾谷类作物的白粉菌、豆类白粉菌、甜菜白粉菌等引起的真菌病害，如麦类白粉病、麦类叶锈病和禾谷类黑穗病、棉花立枯病等。

280 丁香酚的特点及防治对象是什么？

低毒杀菌剂，从丁香等植物中提取的杀菌成分。丁香酚对作物病害有预防和治疗的作用，能迅速治疗多种农作物感染的真菌、细菌性病害，对各种叶斑病也有良好的防治作用。

281 啶斑肟的特点及防治对象是什么？

内吸性杀菌剂，是麦角甾醇生物合成抑制剂，可被植物的根和茎吸收，向顶转移，同时具有保护和治疗的作用，可防治子囊菌纲和半知菌纲的多种植物病原菌。防治苹果黑星病、苹果白粉病、葡萄白粉病、花生叶斑病等。

282 啶酰菌胺的特点及防治对象是什么？

具有保护和治疗作用，抑制孢子萌发、吸管延伸、菌丝生长和孢子母细胞形成等真菌生长和繁殖的主要阶段，杀菌作用由母体活性物质直接引起，没有相应的代谢活性。与多菌灵、速克灵等无交互抗性。除了杀菌活性外，本品还显示出对红蜘蛛等的杀螨活性。防治白粉病、灰霉病、各种腐烂病、褐根病和根腐病。在黄瓜上施药的时候，应注意高温、干燥条件下易发生烧叶、烧果现象。葡萄等果树上施药，应避免与渗透展开剂、叶面液肥混用。

283 啶氧菌酯的特点及防治对象是什么？

广谱、内吸性杀菌剂。线粒体呼吸抑制剂，即通过在细胞色素 b 和 c1 间的电子转移抑制线粒体的呼吸。防治对 14-脱甲基化酶抑制剂、苯甲酰胺类、三羧酰胺类和苯并咪唑类产生抗性的菌株。啶氧菌酯一旦被叶片吸收，就会在木质部中移动，随水流在运输系统中流动；它还在叶片表面的气相中流动，并随着从气相中吸收进入叶片后又在木质部中流动。用于防治麦类的叶面病害，如叶枯病、叶锈病、颖枯病、褐斑病、白粉病等，与现有的甲氧基丙烯酸酯类杀菌剂相比，对小麦叶枯病、网斑病和云纹病有更强的治疗效果。

284 多果定的特点及防治对象是什么？

又称多乐果。非内吸性保护性杀菌剂，可破坏真菌细胞膜的通透性，引起细胞内含物外渗。防治蔬菜、果树、观赏植物和树木的多种真菌病害。

285 多菌灵的特点及防治对象是什么？

又称棉萎丹、棉萎灵。高效、低残留的内吸性广谱药剂，可通过植物叶片和种子渗入到植物体内，耐雨水冲刷，持效期长。对许多高等真菌病害均有较好的保护和治疗作用，对真菌和细菌的病害无效。作用机制是干扰真菌细胞的有丝分裂中纺锤体的形成，从而影响细胞分裂，导致病菌死亡。多菌灵对许多植物的根部、叶片、花、果实及储运期的多种真菌病害均具有良好的治疗和预防作用。防治瓜类白粉病、疫病，番茄早疫病，豆类炭疽病、疫病，油菜菌核病；防治茄子、黄瓜菌核病，瓜类、菜豆炭疽病、豌豆白粉病；防治十字花科蔬菜、番茄、莴苣、菜豆菌核病，番茄、黄瓜、菜豆灰霉病；防治十字花科蔬菜白斑病、豇豆煤霉病、芹菜早疫病（斑点病）等真菌病害。

286 多抗霉素的特点及防治对象是什么？

又称多氧霉素。金色链霉菌产生的代谢产物，属于广谱性抗生素类杀菌剂。具有较好的内吸传导作用。作用机理是干扰病菌细胞壁几丁质的生物合成，使菌体细胞壁不能进行生物合成，导致病菌死亡。芽管和菌丝接触药剂后，局部膨大、破裂、溢出细胞内含物，不能正常发育，导致死亡。防治小麦白粉病，番茄花腐病，烟草赤星病，黄瓜霜霉病，人参、西洋参和三七的黑斑病，瓜类枯萎病，水稻纹枯病，苹果斑点落叶病、火疫病，茶树茶饼病，梨黑星病、黑斑病，草莓及葡萄灰霉病。对瓜果蔬菜的立枯病、白粉病、灰霉病、炭疽病、茎枯病、枯萎病、黑斑病等多种病害防效优良，同时对水稻纹枯病、稻瘟病、小麦锈病、赤霉病等作物病害也有明显的防治效果。

287 噁咪唑的特点及防治对象是什么？

咪唑类广谱杀菌剂，通过抑制甾醇的生物合成而起作用。不具有内吸作用，但具有一定的传导性能。对卵菌所有生长阶段均有作用，对甲霜灵产生抗性或敏感的病菌均有活性。对灰葡萄孢、盘单毛孢属、黑星菌属、枝孢属、胶锈属、交链孢属等病原菌均有极好的抑菌活性，对灰霉病菌有突出的杀菌活性。

288 噁霉灵的特点及防治对象是什么？

又称土菌消、立枯灵。内吸性高效农药杀菌剂、土壤消毒剂。噁霉灵能有效抑制病原真菌菌丝体的正常生长或直接杀死病菌，又能促进植物生长；并能促进作物根系生长发育、生根壮苗，提高农作物的成活率。噁霉灵的渗透率极高，2h就能移动到茎部，20h移动至植物全身。防治鞭毛菌亚门、子囊菌纲、担子菌纲、半知菌纲的腐霉菌、镰刀菌、丝核菌、伏革菌、根壳菌、雪霉菌等。作为土壤消毒剂，对腐霉菌、镰刀菌引起的土传病害如猝倒病、立枯病、枯萎病、菌核病等有较好的预防效果。

289 噁霜灵的特点及防治对象是什么？

又称杀毒矾。具有接触杀菌和内吸传导活性，具有治疗和保护作用。被植物内吸后，能在植物的根、茎、叶内部随汁液流动，向四周传导，噁霜灵在植物体内的移动性稍次于甲霜灵。具有双向传导作用，但是以向上传导为主，也具有跨层转移作用，有效期长，药效快，对各种作物的霜霉病具有预防、治疗、根除三大功效。抗菌谱与甲霜灵相似，对疫霉菌、腐霉菌、霜霉菌、白锈菌、葡萄生轴霜霉菌等具有较高的抗菌活性。防治由霜霉目真菌引起的植物霜霉病、疫病等。另外，还对烟草黑胫病、猝倒病，葡萄的褐斑病、黑腐病、蔓枯病等具有良好的防效。

290 噁唑菌酮的特点及防治对象是什么？

又称易保。内吸性杀菌剂，具有保护和治疗作用。噁唑菌酮为线粒体电子传递抑制剂，对复合体Ⅲ中的细胞色素 c 氧化还原酶有抑制作用。具有亲脂性，喷施作物叶片上后，易黏附，耐雨水冲刷。同甲氧基丙烯酸酯类杀菌剂有交互抗性，与苯基酰胺类杀菌剂无交互抗性。与氟硅唑混用对防治小麦颖枯病、网斑病、白粉病、锈病效果更好。用于防治子囊菌纲、担子菌纲、卵菌亚纲中的重要病害，如白粉病、锈病、颖枯病、网斑病、霜霉病、晚疫病等。

291 二氯异氰尿酸钠的特点及防治对象是什么？

又称优氯净。低毒广谱杀菌剂，是氧化性杀菌剂中杀菌最为广谱、高效、安全的消毒剂。喷施在作物表面能慢慢地释放次氯酸，通过使菌体蛋白质变性，改变膜通透性，干扰酶系统生理生化及影响 DNA 合成等过程，使病原菌迅速死亡。对食用菌栽培过程中易发生的霉菌及多种病害有较强的消毒和杀菌能力。用于食用菌栽培，用于防治霉菌引起的基料感染及杂菌病害。

292 二噻农的特点及防治对象是什么？

广谱保护性低毒杀菌剂，通过与巯基反应和干扰细胞呼吸而抑制一系列真菌酶，最后导致病害死亡。喷施于表面后形成一层致密的保护药膜，有效防止病菌的侵染，但对已经侵染的病害没有治疗作用。除对白粉病无效外，几乎可以防治所有果树病害，如黑星病、霉点病、叶斑病、锈病、炭疽病、疮痂病、霜霉病、褐腐病等。

293 二硝巴豆酸酯的特点及防治对象是什么？

又称敌螨普、消螨普。触杀型杀菌剂，兼有保护和治疗作用。另外，还可以作为非内吸性杀螨剂。防治白粉病，也可防治苹果全爪螨，还可用作种子处理剂。

294 粉唑醇的特点及防治对象是什么？

三唑类广谱内吸性杀菌剂。是甾醇脱甲基化抑制剂，在植物体内向顶端传导，对病害具有保护、治疗和铲除作用。主要与真菌蛋白色素相结合，抑制麦角甾醇的生物合成，引起真菌细胞壁破裂和抑制菌丝生长。粉唑醇可通过植物的根、茎、叶吸收，再由维管束向上转移，根部的内吸能力大于茎、叶，但不能在韧皮部做横向或向基输导，在植物体内或体外都能抑制真菌的生长。对由担子菌和子囊菌引起的多种病害具有良好的保护和治疗作用，可有效地防治麦类作物白粉病、锈病、黑穗病。玉米黑穗病等。

295 呋吡菌胺的特点及防治对象是什么？

具有内吸活性，传导性优良，有很好的治疗和预防效果。呋吡菌胺对琥珀酸机制的电子传递系统具有强烈的抑制作用，即对光合作用Ⅱ产生影响，使生物体所需养料减少，导致菌体死亡。对担子菌纲的大多数病菌具有优良的活性，特别是对由丝由核菌属和伏革菌属引起的植物病害具有优异的防治效果。对由丝核菌属、伏革菌属引起的植物病害如水稻纹枯病、多种水稻菌核病、白绢病等有特效。

296 呋霜灵的特点及防治对象是什么？

通过干扰核糖体 RNA 的合成，抑制真菌蛋白质的合成，内吸性杀菌剂，具有保护和治疗作用，可被植物的根、茎、叶迅速吸收，并在植物体内运转到各个部位，因而耐雨水冲刷。防治由观赏植物、蔬菜、果树等的土传病害如腐霉属、疫霉属等卵菌纲病原菌引起的病害，如瓜果蔬菜的猝倒病、腐烂病、疫病等。

297 呋酰胺的特点及防治对象是什么？

具有保护和治疗作用，通过干扰核糖体 RNA 的合成，抑制真菌蛋白质的合成，内吸性杀菌剂，具有保护和治疗作用。可被植物的根、茎、叶迅速吸收，并在植物体内运转到各个部位，因而耐雨水冲刷。用于由霜霉菌、疫霉菌、腐霉菌等卵菌纲病原菌引起的病害，如烟草霜霉病、向日葵霜霉病、番茄晚疫病、葡萄霜霉病及观赏植物、十字花科蔬菜上的霜霉病等。

298 氟苯嘧啶醇的特点及防治对象是什么？

又称环菌灵。具有保护、治疗和内吸活性。作用机理为抑制甾醇脱甲基化，对多种植物病原菌有活性。对禾谷类作物由病原真菌引起的病害，如斑点病、叶枯病、黑穗病、白粉病、黑星病等有广谱抑制作用。对苹果、石榴、核果、葡萄等的白粉病和苹果的疮痂病也有抑制作用。

299 氟啶胺的特点及防治对象是什么？

又称福农帅。线粒体氧化磷酰化解偶联剂，无内吸活性，是广谱、高效的保护性杀菌剂，耐雨水冲刷，持效期长，兼有优良的控制植食性螨类的作用，对十字花科植物的根肿病也有一定的防效。对交链孢属、葡萄孢属、疫霉属、单轴霉属、核盘菌属和黑星菌属菌非常有效，对抗苯并咪唑类和二羧酰亚胺类杀菌剂的灰葡萄孢也有良好的效果。防治的病害有黄瓜灰霉病、腐烂病、霜霉病、炭疽病、白粉病，番茄晚疫病，苹果黑星病、叶斑病，梨黑斑病、锈病，水稻稻瘟病、纹枯病，葡萄灰霉病、霜霉病，马铃薯晚疫病等。

300 氟啶酰菌胺的特点及防治对象是什么？

又称氟吡菌胺、银法利。为广谱杀菌剂，具有保护和治疗作用，对卵菌纲病原菌有很高的生物活性。氟啶酰菌胺有较强的渗透性，能从叶片上表面向下表面渗透，从根部向叶点方向传导，对幼芽处理后能够保护叶片不受病菌侵染，从根部沿植株木质部向整株作物分布，但不能沿韧皮部传导。防治卵菌纲病害如霜霉病、疫病等，对稻瘟病、灰霉病、白粉病具有一定的防效。

301 氟硅唑的特点及防治对象是什么？

又称福星。内吸杀菌剂，具有保护和治疗作用。抑制甾醇脱甲基化，破坏和阻止麦角甾醇的生物合成，导致细胞膜不能形成，使病菌死亡。渗透性强，对子囊菌、担子菌和半知菌所致病害有效，对卵菌无效，对梨黑星病有特效。用于防治由苹果、梨、黄瓜、番茄和禾谷类等子囊菌、担子菌及部分半知菌引起的病害。氟硅唑防治梨黑星病，苹果轮纹烂果病，黄瓜黑星病，烟草赤星病，蔬菜白粉病，菊花、薄荷、车前草、田旋花及蒲公英的白粉病，以及红花锈病；氟硅唑还可防治小麦锈病、白粉病、颖枯病，大麦叶斑病等。酥梨类品种在幼果期对此药敏感，应谨慎使用，否则易引起药害。

302 氟环唑的特点及防治对象是什么？

又称欧霸。具有保护、治疗和铲除作用，属于甾醇生物合成中 C-14 脱甲基化酶抑制剂，可迅速被植株吸收并传导至感病部位，使病害侵染立即停止，局部施药防治彻底。既能有效控制病害，又能通过调节酶的活性提高作物自身生化抗病性，使作物本身的抗病性大大增强。使叶色更绿，从而保证作物光合作用最大化，提高产量及改善品质。持效期极佳，如在谷物上的抑菌作用可达 40 天以上，卓越的持留效果，降低了用药次数及劳力成本。对立枯病、白粉病、眼纹病等十多种病害有很好的防治作用，并能防治糖用甜菜、花生、油菜、草坪、咖啡、水稻及果树等的病害。

303 氟菌唑的特点及防治对象是什么？

又称特富灵。广谱低毒杀菌剂，具有预防、治疗、铲除效果；内吸作用传导性好，抗雨水冲刷，可防多种作物病害。防治麦类、果树、蔬菜等的白粉病、锈病、桃褐腐病。

304 氟喹唑的特点及防治对象是什么？

具有内吸性、保护和治疗活性。麦角甾醇脱甲基化抑制剂，破坏和阻止病菌的细胞膜重要组成成分麦角甾醇的生物合成，导致细胞膜不能形成，使病菌死亡。用于担子菌纲、半知菌类和子囊菌纲真菌引起的多种病害。防治由白粉病菌、链核盘菌、尾孢霉属、茎点霉属、壳针孢属、埋核盘菌属、柄锈菌属、驼孢锈菌属和核盘菌属等真菌引起的病害。

305 氟吗啉的特点及防治对象是什么？

内吸治疗性杀菌剂。具有很好的保护、治疗、铲除、内吸和渗透活性，是卵菌纲病害的防治剂，对孢子囊萌发的抑制作用显著。本品高效、低毒、低残留、对作物安全，但易诱发病菌的抗药性。防治由卵菌纲病原菌引起的病害如霜霉病、晚疫病、霜疫病等，如黄瓜霜霉病、葡萄霜霉病、白菜霜霉病、番茄晚疫病、马铃薯晚疫病、辣椒疫病、荔枝霜疫霉病、大豆疫霉根腐病等。

306 氟醚唑的特点及防治对象是什么？

又称朵麦克。具有保护和治疗作用，并有很好的内吸传导性能。第二代三唑类杀菌剂，是第一代的2～3倍，杀菌谱广，高效，持效期长达4～6周，本品对铜有轻微腐蚀性。防治由白粉菌属、柄锈菌属、喙孢属、核腔菌属和壳针孢属菌引起的病害，如小麦白粉病、小麦散黑穗病、小麦锈病、小麦腥黑穗病、小麦颖枯病、大麦云纹病、大麦散黑穗病、大麦纹枯病、玉米丝黑穗病、高粱丝黑穗病、瓜果白粉病、香蕉叶斑病、苹果斑点落叶病、梨黑星病和葡萄白粉病等。

307 氟嘧菌酯的特点及防治对象是什么？

具有速效和持效期长的双重特性，对作物具有很好的相容性，适当的加工剂型可进一步提高其通过角质层进入叶部的渗透作用。甲氧基丙烯酸酯类线粒体呼吸抑制剂，即通过在细胞色素 b 和 c1 间的电子转移抑制线粒体的呼吸。作用于线粒体呼吸的杀菌剂较多，但甲氧基丙烯酸酯类化合物作用的部位（细胞色素 b）与以往所有杀菌剂均不同，因此，防治对甾醇抑制剂、苯基酰胺类、二羧酰胺类和苯并咪唑类产生抗性的菌株。尽管它通过种子和根部的吸收能力较差，但用作种子处理剂时，对幼苗及种传和土传病害虽具有很好的杀灭和持效作用，不过对大麦白粉病或网斑病等气传病害则无效。对几乎所有真菌纲（子囊菌纲、担子菌纲、卵菌纲和半知菌类）病害如锈病、颖枯病、网斑病、白粉病、霜霉病等数十种病害均有很好的活性。

308 氟酰胺的特点及防治对象是什么？

又称望佳多、福多宁。具有保护和治疗活性，属于呼吸作用的电子传递链中作为琥珀酸脱氢酶抑制剂，抑制天冬氨酸盐和谷氨酸盐的合成，能够防止病原菌的生长和穿透，主要防治由担子菌亚门的病原菌引起的病害。

309 福美双的特点及防治对象是什么？

又称秋兰姆、赛欧散、阿锐生。广谱保护性的福美系杀菌剂。杀菌机制是通过抑制病菌一些酶的活性和干扰三羧酸代谢循环而导致病菌死亡。用于叶部或种子处理的保护性杀菌剂，对植物无药害。该药有一些渗透性，在土壤中持效期长。对根腐病、立枯病、猝倒病、黑星病、疮痂病、炭疽病、轮纹病、黑斑病、灰斑病、叶斑病、白粉病、锈病、霜霉病、晚疫病、早疫病、稻瘟病、黑穗病等真菌性病害均具有很好的防治效果。用于防治麦类条纹病、腥黑穗病，玉米、亚麻、蔬菜、糖萝卜、针叶树立枯病，烟草根腐病，甘蓝、莴苣、瓜类、茄子、蚕豆等苗期立枯病、猝倒病，草莓灰霉病，梨黑星病，马铃薯、番茄晚疫病，瓜、菜类霜霉病、葡萄炭疽病、白腐病等。

310 腐霉利的特点及防治对象是什么？

又称杀霉利。内吸性杀真菌剂，对葡萄孢属和核盘菌属真菌有特效，能防治果树、蔬菜作物的灰霉病、菌核病，对苯丙咪唑产生抗性的真菌亦有效。使用后保护效果好、持效期长，能阻止病斑发展蔓延。在作物发病前或发病初期使用，可取得满意的效果。防治黄瓜灰霉病、菌核病，番茄灰霉病，菌核病，早疫病，辣椒灰霉病，辣椒等多种蔬菜的菌核病，葡萄、草莓灰霉病，苹果、桃、樱桃褐腐病，苹果斑点落叶病，枇杷花腐病等。

311 咯菌腈的特点及防治对象是什么？

又称适乐时。通过抑制葡萄糖磷酰化有关的转移，并抑制真菌菌丝体的生长，最终导致病菌死亡。作用机理独特，与现有杀菌剂无交互抗性。咯菌腈既可以抑制孢子萌芽、孢子芽管伸长、灰霉病菌菌丝体生长，又可以有效抵抗链核盘菌属、核盘菌属、扩展青霉等真菌，对子囊菌、担子菌、半知菌等病原菌有良好的防效。防治雪腐镰刀菌、小麦网腥黑穗粉菌、立枯病菌等，对灰霉病有特效；对谷物和非谷物种子进行处理，防治种传和土传病菌，如链格孢属、壳二孢属、曲霉属、镰孢菌属、长蠕孢属、丝核菌属及青霉属菌；防治玉米青枯病、茎基腐病、猝倒病，棉花立枯病、红腐病、炭疽病、黑根病、种子腐烂病，大豆、花生立枯病、根腐病（由镰刀菌引起），水稻恶苗病，胡麻叶斑病、早期叶瘟病、立枯病，油菜黑斑病、黑胫病，马铃薯立枯病、疮痂病，蔬菜枯萎病、炭疽病、褐斑病、蔓枯病。

312 咯喹酮的特点及防治对象是什么？

又称乐喹酮、百快隆。内吸性杀菌剂。咯喹酮由稻株根部迅速吸收，向顶输导至叶和稻穗花序组织。以毒土、种子处理和水中撒施方式施用后，药剂很快被稻根吸收。叶面施用后，咯喹酮被叶面迅速吸收，并在叶内向顶输导。咯喹酮在活体上防治病害的活性大大高于其在离体上对稻瘟病病原的菌丝体生长的抑制效果。产生这一作用主要是基于对稻瘟病菌附着胞中黑色素生物合成的抑制作用，这样防止了附着胞穿透寄主表皮细胞。病斑产生的分生孢子也可大为减少。

313 硅噻菌胺的特点及防治对象是什么？

又称全蚀净。保护性内吸性杀菌剂。小麦全蚀病的防病机理主要表现在两个方面：一方面是刺激小麦根系生长，弥补因病菌造成的根系发病死亡对产量的影响；另一方面是对小麦全蚀菌的抑制作用，拌种后小麦根部的黑根率明显降低，但这种现象也可能是使用硅噻菌胺后提高了作物的抗病性。

314 环丙酰菌胺的特点及防治对象是什么？

又称加普胺。内吸、保护性杀菌剂。与现有杀菌剂不同，不抑制病原菌菌丝的生长，抑制黑色素生物合成和在感染病菌后可加速植物抗生素的产生。防治水稻稻瘟病。

315 环丙唑醇的特点及防治对象是什么？

又称环唑醇。具有预防和治疗作用，是甾醇脱甲基化抑制剂，能迅速被植物有生长力的部分吸收并主要向顶部转移。防治由白粉菌属、柄锈菌属、喙孢属、核腔菌属和壳针孢属菌引起的病害，如小麦白粉病、小麦散黑穗病、小麦纹枯病、小麦雪腐病、小麦全蚀病、小麦腥黑穗病、大麦云纹病、大麦散黑穗病、玉米丝黑穗病、高粱丝黑穗病、甜菜菌核病、咖啡锈病、苹果斑点落叶病、梨黑星病等。

316 环氟菌胺的特点及防治对象是什么？

对白粉病有优异的保护和治疗活性、持效活性和耐雨水冲刷活性，内吸活性差，对作物安全。环氟菌胺通过抑制白粉病菌生活史（也即发病过程）中菌丝上分生的吸器的形成和生长及次生菌丝的生长实现病害防控作用。但对孢子萌发、芽管的延长和附着器的形成均无作用。防治小麦白粉病、草莓白粉病、黄瓜白粉病、苹果白粉病和葡萄白粉病等。

317 磺菌胺的特点及防治对象是什么？

用于土壤处理的杀菌剂，抑制孢子萌发。对根肿病菌的生长期中有两个作用点，一是在病菌休眠、孢子发芽的过程中发挥作用；二是在土壤根须中的原生质和游动孢子到土壤中次生游动孢子的使作物二次感染的过程中发挥作用。防治土传病害，包括由腐霉病菌、螺壳状丝囊霉、疮痂病菌及环腐病菌等引起的病害，对根肿病如白菜根肿病具有显著的效果。

318 磺菌定的特点及防治对象是什么？

又称磺菌啶。内吸性杀菌剂，兼具保护和治疗作用，可迅速被植物吸收，并可在作物花期及坐果期时使用。防治苹果、温室玫瑰和草莓等作物的白粉病。

319 磺菌威的特点及防治对象是什么？

属磺酸酯类杀菌剂和植物生长调节剂。该杀菌剂用于土壤，尤其适用于水稻的育苗箱。它不仅是杀菌剂，而且还可以提高水稻根系的生理活性。防治由根腐菌、镰孢（霉）属、腐霉属、木霉属、伏革菌属、毛霉属、丝核菌属和极毛杆菌属等病原菌引起的水稻枯萎病很有效。

320 活化酯的特点及防治对象是什么？

又称生物素。活化酯为系统获得抗性的天然信号分子水杨酸的功能类似物，通过激活寄生植物的天然防御机制（系统获得抗性，SAR）来对植物产生保护作用，从而使植物对多种真菌和细菌产生自我保护作用。植物抗病活化剂几乎没有杀菌活性。同其他常规药剂如甲霜灵、代森锰锌、烯酰吗啉等混用，不仅可提高活化酯的防治效果，而且还能扩大其防病范围。

321 己唑醇的特点及防治对象是什么？

又称同喜。三唑类甾醇脱甲基化抑制剂，具有内吸、保护和治疗活性。对真菌尤其是担子菌门和子囊菌门引起的病害有广谱性的保护和治疗作用。破坏和阻止病菌的细胞膜重要组成成分麦角甾醇的生物合成，导致细胞膜不能形成，使病菌死亡。对苹果、葡萄、香蕉、蔬菜（瓜果、辣椒等）、花生、咖啡、禾谷类作物和观赏植物等作物上的子囊菌、担子菌和半知菌所致病害，尤其是对由担子菌纲和子囊菌纲引起的病害如白粉病、锈病、黑星病、褐斑病、炭疽病等有优异的保护和铲除作用。对水稻纹枯病有良好的防效。乳油在果树幼果期使用可能会刺激幼果表面产生果锈，需要慎重。

322 甲呋酰胺的特点及防治对象是什么？

又称黑穗胺。具有内吸作用，防治种子胚内带菌的麦类黑穗病，也可用于防治高粱黑穗病。但对侵染期较长的玉米丝黑穗病菌的防治效果差。防治小麦、大麦散黑穗病，小麦光腥黑穗病和网腥黑穗病，高粱丝黑穗病和谷子粒黑穗病等。

323 甲基立枯磷的特点及防治对象是什么？

广谱内吸性杀菌剂。用于防治土传病害，主要起保护作用。吸附作用强，不易流失，持效期较长。对半知菌类、担子菌纲等各种病菌均有很强的杀菌活性。防治棉花、油菜、花生、甜菜、小麦、玉米、水稻、马铃薯、瓜果、蔬菜、观赏植物和果树等作物上的立枯病、枯萎病、菌核病、根腐病，十字花科黑根病、褐腐病。

324 甲基硫菌灵的特点及防治对象是什么？

又称甲基托布津。广谱治疗性杀菌剂，低残留，具有内吸、预防和治疗三重作用。杀菌机制一是在植物体内部分转化为多菌灵，干扰病菌有丝分裂中纺锤体的形成，影响细胞分裂，导致病菌死亡；二是甲基硫菌灵直接作用于病菌，阻碍其呼吸过程，影响病菌孢子的产生、萌发及菌丝体生长。连续使用易诱使病菌产生抗药性。本品对多种病害有预防和治疗作用，对叶螨和病原线虫也有抑制作用。防治茄子、葱头、芹菜、番茄、菜豆等蔬菜的灰霉病、炭疽病、菌核病等病害；花腐病、月季褐斑病、海棠灰斑病等花卉病害；苹果轮纹病、炭疽病，葡萄褐斑病、炭疽病、灰霉病；桃褐腐病等水果病害；麦类黑穗病等一些其他病害。

325 甲菌定的特点及防治对象是什么？

又称灭霉灵。内吸性杀菌剂，具有保护和治疗作用。可被植物的根、茎、叶迅速吸收，并在植物体内运转到各个部位，故耐雨水冲刷。施药后持效期10～14天。防治苹果、葡萄、黄瓜、草莓、玫瑰和甜菜的白粉病。

326 甲霜灵的特点及防治对象是什么？

又称雷多米尔。内吸性特效杀菌剂，具有保护和治疗作用，可被植物的根、茎、叶吸收，并随植物体内水分运输而转移到植物的各个器官。有双向传导性能，持效期10～14天，土壤处理持效期可超过2个月。防治霜霉病、疫霉病、腐霉病、疫病、晚疫病、黑胫病、猝倒病等真菌性病害，用于黄瓜、甜瓜、西葫芦、番茄、辣椒、茄子、马铃薯、葡萄、苹果、梨、柑橘、谷子、大豆、烟草等多种植物。

327 腈苯唑的特点及防治对象是什么？

又称唑菌腈、苯腈唑。三唑类麦角甾醇生物合成抑制剂，能阻止已发芽的病菌孢子侵入作物组织，抑制菌丝的伸长。在病菌潜伏期使用，能阻止病菌的发育。在发病后使用，能使下一代孢子变形，失去侵染能力，对病害具有预防和治疗作用。可作叶面，也可作种子处理剂。防治香蕉叶斑病，桃树褐斑病，苹果黑星病，梨黑星病，禾谷类黑粉病、腥黑穗病，麦类锈病，菜豆锈病，蔬菜白粉病等。腈苯唑对鱼有毒，应避免污染水源。

328 腈菌唑的特点及防治对象是什么？

又称仙生。具保护和治疗活性的内吸性三唑类杀菌剂。主要对病原菌的麦角甾醇的生物合成起抑制作用，对子囊菌、担子菌均具有较好的防治效果。药剂持效期长，对作物安全，有一定的刺激生长作用，麦角甾醇生物合成抑制剂。药效高，对作物安全，持效期长。控制谷类腥黑穗病、黑穗病，新鲜梨果的白粉病和结疤，核果类植物的褐腐病及白粉病，攀缘植物的白粉病、黑腐病及灰霉病，谷类植物的锈蚀病，甜菜的叶斑病，它也被用来控制广泛的田间作物病。对烟草有药害。

329 井冈霉素的特点及防治对象是什么？

具有较强的内吸性，易被菌体细胞吸收并在其内迅速传导，干扰和抑制菌体细胞的生长和发育。用于水稻纹枯病，也可用于水稻稻曲病、玉米大小斑病以及蔬菜和棉花、豆类等作物病害的防治。

330 糠菌唑的特点及防治对象是什么？

三唑类甾醇脱甲基化抑制剂，具有预防、治疗和内吸作用。防治禾谷类作物、葡萄、果树和蔬菜上的子囊菌纲、担子菌纲和半知菌类病原菌。另外，对链格孢属和镰孢属病原菌也有效。

331 克菌丹的特点及防治对象是什么？

又称盖普丹。有机硫类广谱低毒杀菌剂，以保护作用为主，兼有一定的治疗作用，对多种作物上的许多种真菌性病害均具有较好的预防效果，特别适用于对铜制剂敏感的作物。在水果上使用具有美容、去斑、促进果面光洁靓丽的作用。本品可渗透到病菌的细胞膜，既可干扰病菌的呼吸过程，又可干扰其细胞分裂，具有多个杀菌作用位点，连续多次使用极难诱导病菌产生抗药性。防治番茄、马铃薯等蔬菜上的霜霉病、白粉病和炭疽病等蔬菜病害，苹果上的轮纹病、炭疽病、褐斑病、斑点落叶病、煤污病和黑星病等水果病害。

332 克瘟散的特点及防治对象是什么？

又称稻瘟光。广谱性有机磷杀菌剂，对水稻稻瘟病有良好的预防和治疗作用。其作用机理是对稻瘟病的病菌“几丁质”合成和脂质代谢起抑制作用，破坏细胞的结构，并间接影响细胞壁的形成。对其他作物的多种病菌都有良好的防治效果，对一些害虫也有防治作用。用于水稻的稻瘟病如叶瘟、穗颈瘟、节瘟等的防治，同时，对水稻纹枯病、胡麻叶斑病、谷子稻瘟病、玉米大斑病和小斑病、麦类赤霉病、小球菌核病、穗枯病等均有良好的防治效果。对飞虱、叶蝉及鳞翅目害虫兼有一定的防治作用。

333 喹菌酮的特点及防治对象是什么？

具有保护和治疗作用，通过抑制细菌分裂时必不可少的 DNA 复制而发挥其抗菌活性。用于水稻种子处理，防治极毛杆菌和欧氏植病杆菌，如水稻颖枯细菌病菌、内颖褐变病菌、叶鞘褐条病菌、软腐病菌、苗立枯细菌病菌，马铃薯黑胫病菌、软腐病菌、火疫病菌，苹果和梨的火疫病菌、软腐病菌，白菜软腐病菌。

334 联苯三唑醇的特点及防治对象是什么？

又称百柯、双苯三唑醇。广谱、高效、内吸性杀菌剂，有保护、治疗和铲除作用。作用机制为抑制构成真菌所必需的成分麦角甾醇，使受害真菌体内出现甾醇中间体的积累，而麦角甾醇则逐渐下降并耗尽，从而干扰细胞膜的合成，使细胞变形、菌丝膨大，分枝畸形，生长受到抑制。用于防治果树黑星病、腐烂病，香蕉、花生叶斑病及各种作物的锈病、白粉病等。还可应用于桃疮痂病，麦叶穿孔病，梨锈病、黑星病以及菊花、石竹、天竺葵、蔷薇等观赏植物的锈病。

335 邻烯丙基苯酚的特点及防治对象是什么?

邻烯丙基苯酚对病原菌菌丝中的一些细胞器有影响，具有促使菌丝向衰老方向发展的趋势。电镜观察发现，经邻烯丙基苯酚处理后，番茄灰霉病菌菌丝中液泡增多，番茄灰霉病菌和苹果腐烂病菌菌丝细胞壁明显增厚，小麦纹枯病菌菌丝中内质网处的泡囊数增多。对几乎所有的真菌病害都有效，尤其是对番茄、草莓的灰霉病、白粉病，果树的斑点落叶病、腐烂病、干腐病等病害防效显著，对蔬菜、小麦、园林、花卉和草坪的主要病害也有很好的防治效果。对黄瓜、花生、大豆有药害，不能使用。

336 硫黄的特点及防治对象是什么?

硫黄粉是一种酸性化合物，在花草、林木、果树上使用，具有灭菌防腐、调节酸碱性、促进伤口愈合、防治病害的作用，还可供给植株养料，促进生长发育。

337 螺环菌胺的特点及防治对象是什么?

甾醇生物合成抑制剂，主要抑制 C-14 脱甲基化酶的合成。内吸性叶面杀菌剂，对白粉病特别有效。作用速度快且持效期长，兼具保护治疗作用，既可以单独使用，又可以和其他杀菌剂混配以扩大杀菌谱。防治小麦白粉病和各种锈病、大麦云纹病和条纹病。

338 络氨铜的特点及防治对象是什么?

又称二氯四氨络合铜。通过铜离子发挥杀菌作用，铜离子与病原菌细胞膜表面上的 K^+、H^+ 等阳离子交换，使病原菌细胞膜上的蛋白质凝固，同时部分铜离子渗透入病原菌细胞内与某些酶结合影响其活性。能防治由真菌、细菌和霉菌引起的多种病害，并能促进植物根深叶茂，增加叶绿素含量，增强光合作用及抗旱能力，有明显的增产作用。络氨铜对棉苗、西瓜等的生长具有一定的促进作用，起到一定的抗病和增产作用。防治黄瓜细菌性角斑病、叶枯病、缘枯病、软腐病、细菌性枯萎病和圆斑病，西葫芦绵腐病，冬瓜的疫病、细菌性角斑病，丝瓜疫病，番茄细菌性斑疹病、溃疡病、细菌性髓部坏死病、(匍柄霉）斑点病，茄子的绵疫病、(黑根霉）果腐病，甜（辣）椒的白星病、黑霉病、细菌性叶斑病、疮痂病、青枯病、软腐病、果实黑斑病，马铃薯软腐病，菜豆的根腐病、红斑病、细菌性疫病、细菌性晕疫病，大豆的褐斑病、灰斑病，洋葱的软腐病、黑斑病，莴苣和莴笋的细菌性叶缘坏死病、轮斑病，胡萝卜的细菌性软腐病、细菌性疫病，甘蓝类细菌性黑斑病，芥菜类软腐病，乌塌菜软腐病，蕹菜（柱盘孢）叶斑病，结球芥菜、芹菜和香芹菜的软腐病，白菜类的黑腐病、软腐病、细菌性角斑病、叶斑病等。

339 氯苯嘧啶醇的特点及防治对象是什么？

又称乐必耕。具有预防、治疗作用的杀菌剂。通过干扰病原菌甾醇及麦角甾醇的形成，从而影响正常的生长发育。本品不能抑制病原菌的萌发，但是能抑制病原菌菌丝的生长、发育，致使不能侵染植物组织。防治苹果白粉病、梨黑星病等多种病害，可与一些杀菌剂、杀虫剂、生长调节剂混合使用。

340 氯硝胺的特点及防治对象是什么？

又称阿丽散。脂质过氧化剂，保护性杀菌剂，能引起菌丝扭曲变形而致死。是防治菌核病的高效药剂，对灰霉病效果好。防治甘薯、洋麻、黄瓜、棉花、烟草、草莓、马铃薯的灰霉病，油菜、葱、桑、大豆、番茄、甘薯的菌核病，甘薯、棉花的软腐病，马铃薯、番茄的晚疫病，桃、杏、苹果的枯萎病，小麦的黑穗病。

341 麦穗宁的特点及防治对象是什么？

通过与β-微观蛋白结合抑制有丝分裂，内吸传导。用作拌种剂，可防治小麦黑穗病，大麦条纹病、白霉病，瓜类蔫萎病，也可用作塑料、橡胶制品的杀菌剂，胶片乳液防霉剂及牛羊驱虫剂。

342 咪鲜胺的特点及防治对象是什么？

又称施保克、施保功、扑霉唑。广谱性杀菌剂，无内吸作用，有一定的传导作用。通过抑制甾醇的生物合成，使病菌细胞壁受到干扰。通过种子处理进入土壤的药剂，主要降解为易挥发的代谢产物，易被土壤颗粒吸附，不易被雨水冲刷。此药对土壤内其他生物低毒，但对某些土壤中的真菌有抑制作用。防治禾谷类作物茎、叶、穗上的许多病害，如白粉病、叶斑病等；亦可用于果树、蔬菜、蘑菇、草皮和观赏植物的许多病原菌病害的防治。

343 咪唑菌酮的特点及防治对象是什么？

甲氧基丙烯酸甲酯类杀菌剂，通过抑制真菌线粒体的呼吸作用和细胞繁殖来杀灭真菌，与苯菌灵等苯并咪唑药剂有正交互抗药性。抗菌活性限于子囊菌、担子菌、半知菌，而对卵菌和接合菌无活性。具有内吸传导作用，根施时能向顶传导，但不能向基传导。防治柑橘青霉病、绿霉病、蒂腐病、花腐病、灰霉病，甘蓝灰霉病，芹菜斑枯病、菌核病，芒果炭疽病，苹果青霉病、炭疽病、灰霉病、黑星病等。

344 醚菌酯的特点及防治对象是什么？

β-甲氧基丙烯酸甲酯类杀菌剂。对病害具有预防和治疗作用，杀菌机制主要是破坏病菌细胞内线粒体呼吸链的电子传递，阻止能量 ATP 的形成，从而导致病菌死亡。醚菌酯对由半知菌、子囊菌、担子菌、卵菌纲等真菌引起的多种病害具有很好的活性，如葡萄白粉病、小麦锈病、马铃薯疫病、南瓜疫病、水稻稻瘟病等水果蔬菜病害，特别是对草莓白粉病、甜瓜白粉病、黄瓜白粉病、梨黑星病有特效。

345 嘧菌胺的特点及防治对象是什么？

抑制真菌水解酶分泌和蛋氨酸的生物合成。同三唑类、咪唑类、吗啉类、二羧酰亚胺类、苯基吡咯类等无交互抗性。另外，它具有对麦角甾醇生物合成抑制杀菌剂有抗性的单丝壳属的品系高的效果。同常用的杀菌剂相似，它也显示良好的残余活性和抗雨水冲刷活性。对灰霉病，白粉病，苹果黑星病、斑点落叶病，桃灰星病、黑星病等病害防效显著。

346 嘧菌环胺的特点及防治对象是什么？

内吸性杀菌剂，主要用于病原真菌的侵入期和菌丝生长期，通过抑制蛋氨酸的生物合成和水解酶的生物活性，导致病菌死亡。嘧菌环胺可迅速被植物叶面吸收，具有较好的保护性和治疗活性，可防治多种作物的灰霉病。同三唑类、咪唑类、吗啉类和苯基吡咯类等无交互抗性。防治小麦、大麦、葡萄、草莓、果树、蔬菜和观赏植物等作物上的灰霉病、白粉病、黑星病、叶斑病、颖枯病以及小麦眼纹病等病害。

347 嘧菌酯的特点及防治对象是什么？

又称阿米西达。线粒体呼吸抑制剂，即通过抑制细胞色素 b 和 c 之间的电子转移抑制线粒体的呼吸。新型高效杀菌剂，具有保护、治疗、铲除、渗透和内吸活性。可用于茎叶喷雾、种子处理；也可进行土壤处理。对水稻、花生、葡萄、马铃薯、蔬菜、咖啡、果树（柑橘、苹果、香蕉、桃、梨等）和草坪等上面的几乎所有真菌纲（子囊菌纲、担子菌纲、卵菌纲和半知菌纲）病害如白粉病、锈病、颖枯病、网斑病、黑星病、霜霉病、稻瘟病等均有很好的活性。

348 嘧菌腙的特点及防治对象是什么？

又称布那生。线粒体呼吸抑制剂，即通过抑制细胞色素 b 和 c 之间的电子转移抑制线粒体的呼吸。防治水稻上由稻尾声孢、稻长蠕孢和稻梨孢等病原菌引起的病害。

349 嘧霉胺的特点及防治对象是什么？

又称施佳乐。作用机理是通过抑制病菌侵染酶的产生从而阻止病菌的侵染并杀死病菌。同时具有内吸传导和熏蒸作用，施药后迅速达到植株的花、幼果等喷雾无法达到的部位杀死病菌，尤其是加入卤族特效渗透剂后，可增加在叶片和果实上的附着时间和渗透速度，有利于吸收，使药效更快、更稳定。用于防治黄瓜、番茄、葡萄、草莓、豌豆和韭菜等作物上的灰霉病、枯萎病以及果树黑星病、斑点落叶病等病害。

350 灭粉霉素的特点及防治对象是什么？

又称米多霉素。一种具有5-羟甲基嘧啶的新型核苷类抗生素。具有内吸性，抑制白粉病菌蛋白质的合成。通过抑制病菌菌丝的伸张，从而达到抑菌的效果。防治番茄、苹果等蔬菜和水果上的白粉病。

351 灭菌丹的特点及防治对象是什么？

广谱有机硫保护性杀菌剂。作用机理是改变病原菌丙酮酸脱氢酶系中的一种辅酶硫胺素，使丙酮酸大量积累，乙酰辅酶A生成减少，抑制三羧酸循环。对人畜低毒，对人黏膜有刺激性，对鱼有毒，对植物生长发育有刺激作用。常温下遇水缓慢分解，遇碱或高温易分解。该品对多种蔬菜霜霉病、叶斑病等有良好的预防和保护作用。可防治瓜类及其他蔬菜霜霉病、白粉病，马铃薯和番茄早疫病、晚疫病；豇豆白粉病、轮纹病。番茄使用浓度偏高时，易产生药害，配药时要慎重。

352 灭菌唑的特点及防治对象是什么？

又称扑力猛。甾醇生物合成中C-14脱甲基化酶抑制剂。主要用作种子处理剂，也可茎叶喷雾，持效期长达4～6周。防治由禾谷类作物、豆科作物和果树上的镰孢（霉）属、柄锈菌属，麦类核腔菌属、黑粉菌属、腥黑粉菌属、白粉菌属、圆核腔菌、壳针孢属和柱隔孢属等引起的病害，如白粉病、锈病、黑腥病、网斑病等，对种传病害有特效。

353 灭瘟素的特点及防治对象是什么？

又称稻瘟散。能抑制酵母菌和霉菌的生长，是蛋白质合成抑制剂。具有保护、治疗和内吸活性。对细菌和真菌均有效，尤其是对真菌的选择毒力特别强。用于防治稻瘟病，包括苗瘟、叶瘟、穗颈瘟等病害，对水稻、胡麻叶斑病及小粒菌核病也有一定的防效，亦可降低水稻条纹病的感染率。

354 灭瘟唑的特点及防治对象是什么？

具有内吸传导和持效性，还具有显著的熏蒸作用，通过抑制病原真菌的黑色素的形成，抑制附着胞上侵染丝的形成。从而杀死病原菌。对由稻梨孢引起的水稻稻瘟病有效。

355 灭锈胺的特点及防治对象是什么？

又称担菌宁。高效内吸性杀菌剂，能有效地防治由担子菌亚门真菌引起的作物病害，可阻止病菌侵入寄主，起到预防和治疗作用。持效期长，无药害，可在水面、土壤中施用，也可用于种子处理。本品也是良好的木材防腐、防霉剂。防治由担子菌引起的病害，如水稻、黄瓜和马铃薯上的立枯丝核菌，小麦上的隐匿柄锈菌和肉孢核瑚菌等。

356 尼可霉素的特点及防治对象是什么？

又称华光霉素。尼可霉素与几丁质合酶的天然合成底物乙酰葡萄糖酰胺结构类似，所以尼可霉素作为几丁质合酶的强烈竞争性抑制剂，可抑制真菌细胞壁主要成分几丁质的生物合成，实现对真菌生长的抑制作用。防治烟草赤星病，番茄灰霉病、叶霉病，黄瓜灰霉病、叶霉病、菌核病，苹果轮斑病和梨黑斑病等植物病害。

357 宁南霉素的特点及防治对象是什么？

低毒杀菌剂。一种胞嘧啶甘肽型广谱抗生素杀菌剂，可诱导植株对入侵病毒产生抗性和耐病性，对条纹叶枯病、黑条矮缩病等水稻病毒病具有保护作用和一定的治疗作用，可抑制病毒侵染，降低病毒浓度，缓解症状表现。防治烟草花叶病毒病、番茄病毒病、辣椒病毒病、水稻立枯病、大豆根腐病、水稻条纹叶枯病、苹果斑点落叶病、黄瓜白粉病，此外，也可防治油菜菌核病、荔枝霜疫霉病，其他作物病毒病、茎腐病、蔓枯病、白粉病等多种病害。

358 氰菌胺的特点及防治对象是什么？

又称稻瘟酰胺。内吸性杀菌剂，具有杰出的治疗、渗透作用和抑制孢子形成等特性，并系统地分布在非原生质体。在叶面和水下施用时防治稻瘟病效果极佳，且持效显著。可单用，也可与保护性杀菌剂混配。对苯酰胺类杀菌剂的抗性品系和敏感品系均有活性。防治水稻稻瘟病，包括叶瘟和穗颈瘟。

359 氰霜唑的特点及防治对象是什么？

磺胺咪唑类杀菌剂。具有很好的保护活性和一定的内吸治疗活性，持效期长，耐雨水冲刷，使用安全、方便。对卵菌纲真菌如疫霉菌、霜霉菌、假霜霉菌、腐霉菌以及根肿菌纲的芸薹根肿菌具有很高的生物活性。该药属线粒体呼吸抑制剂，阻断卵菌纲病菌体内线粒体细胞色素 bc1 复合体的电子传递来干扰能量的供应，其结合部位为酶的 Q1 中心，与其他杀菌剂无交叉抗性。对病菌的所有生长阶段均有作用，对甲霜灵产生抗性或敏感的病菌均有活性。防治卵菌类病害，如霜霉病、霜疫霉病、疫病、晚疫病等。

360 噻氟菌胺的特点及防治对象是什么？

对许多种真菌性病害均有很好的防治效果，特别是由担子菌、丝核菌属所引起的病害。它具有很强的内吸传导性能，很容易通过根部或植物表面吸收并在植物体内传导。可以通过叶面喷雾、种子处理、土壤处理等方式施用。防治水稻和麦类的纹枯病。在合适用量下，在水稻孕穗扬花期也可以使用。

361 噻菌灵的特点及防治对象是什么？

又称特克多、腐绝。内吸性杀菌剂，根施时能向顶端传导，但不能向基部传导。作用机制是抑制真菌线粒体的呼吸作用和细胞增殖，与苯菌灵等苯并咪唑药剂有正交互抗药性。能防治多种植物的真菌病害，用于处理收获后的水果和蔬菜，可防治储存中发生的某些病害，如柑橘储存期青霉病、绿霉病；香蕉储存期冠腐病、炭疽病；苹果、梨、菠萝、葡萄、草莓、甘蓝、白菜、番茄、蘑菇、甜菜、甘蔗等储存期病害。还可用于防治柑橘蒂腐病、花腐病，草莓白粉病、灰霉病，甘蓝灰霉病，芹菜斑枯病、菌核病，芒果炭疽病，苹果青霉病、炭疽病、灰霉病、黑星病、白粉病等。此外，还可用作涂料、合成树脂和纸制品的防霉剂，柑橘、香蕉的食品添加剂，动物用的驱虫药。

362 噻酰菌胺的特点及防治对象是什么？

作用机理主要是阻止病菌菌丝侵入邻近的健康细胞，并能诱导产生抗病基因。该药剂有很好的内吸性，可以通过根部吸收，并迅速传导到其他部位，持效期长。防治水稻稻瘟病，对水稻褐条病、白叶枯病以及芝麻叶枯病也有一定的防效，此外，在其专利中还提到对水稻纹枯病、各种宿主上的白粉病、锈病、晚疫病或疫病、霜霉病以及由假单胞菌、黄单胞菌和欧文菌引起的病害有效。

363 噻唑菌胺的特点及防治对象是什么？

又称韩乐宁。噻唑菌胺对疫霉菌生活史中菌丝体生长和孢子的形成两个阶段有很高的抑制效果，但对疫霉菌孢子囊萌发、孢子囊的生长以及游动孢子几乎没有任何活性。对卵菌纲类病害如葡萄霜霉病、马铃薯晚疫病、瓜类霜霉病等具有良好的预防、治疗和内吸活性。防治由卵菌纲病原菌引起的病害如葡萄霜霉病、马铃薯晚疫病、瓜类霜霉病等。

364 三环唑的特点及防治对象是什么？

又称克瘟唑。具有较强内吸性的保护性杀菌剂，是防治稻瘟病专用杀菌剂，作用机理主要是抑制附着胞黑色素的形成，从而抑制孢子萌发和附着胞形成，阻止病菌侵入和减少稻瘟病菌孢子的产生。能迅速被水稻各部位吸收，持效期长，药效稳定，用量低并且抗雨水冲刷。防治水稻稻瘟病。

365 三唑醇的特点及防治对象是什么？

内吸传导型杀菌剂，具有保护和治疗作用，主要是抑制麦角甾醇的合成，因而抑制和干扰菌体附着胞和吸器的生长发育。防治小麦散黑穗病、网腥黑穗病、根腐病，大麦散黑穗病、锈病、条纹病、网斑病等，玉米、高粱丝黑穗病，春大麦的散黑穗病、条纹病、网斑病、根腐病和冬小麦的散黑穗病、网腥黑穗病、雪腐病及春燕麦的叶条纹病、散黑穗病等。

366 三唑酮的特点及防治对象是什么？

高效、低毒、低残留、持效期长、内吸性强的三唑类杀菌剂。主要是抑制菌体麦角甾醇的生物合成，因而抑制或干扰菌体附着胞及吸器的发育、菌丝的生长和孢子的形成。对某些病菌在活体中的活性很强，但离体效果很差。对菌丝的活性比对孢子强。对锈病、白粉病和黑穗病有特效，对玉米、高粱等黑穗病、玉米圆斑病具有较好的防治效果。

367 十三吗啉的特点及防治对象是什么？

又称克啉菌、克力星。广谱性的内吸性杀菌剂，具有保护和治疗双重作用，可以通过植物的根、茎、叶吸收进入植物体内，并在木质部向上移动，但在创皮部只有轻微程度的转移，因此，施药后仅略受气候因子的影响，保持有较长的残效期。防治谷类白粉病和香蕉叶斑病，以及其他真菌病害，如橡胶树的白、红、褐根病、白粉病，咖啡眼斑病，茶饼病，瓜类的白粉病及花木的白粉病等。

368 双胍辛胺的特点及防治对象是什么？

对真菌脂质化合物的生物合成和细胞膜机能起作用，抑制孢子萌发、芽管伸长、附着胞和菌丝的形成。是触杀和预防性杀菌剂。对大多数由子囊菌和半知菌引起的真菌病害有很好的效果。可有效防治灰霉病、白粉病、菌核病、茎枯病、蔓枯病、炭疽病、轮纹病、黑星病、叶斑病、斑点落叶病、果实软腐病、青霉病、绿霉病。还能十分有效地防治苹果花腐病和苹果腐烂病以及小麦雪腐病等。此外，还被推荐作为野兔、鼠类和鸟类的驱避剂。

369 双炔酰菌胺的特点及防治对象是什么？

对抑制孢子的萌发具有较高的活性。它同时也抑制菌丝体的成长与孢子的形成，对靶标病原体最好用作预防性喷洒，但在潜伏期中也可提供治疗作用。双炔酰菌胺对植物表面的蜡质层具有很高的亲和力。当喷洒到植物表面且沉淀干燥后，大部分活性成分被蜡质层吸附，并且很难被雨水冲洗掉。一小部分活性成分渗透到植物组织中，由于其本身活性高，被吸收到植物组织中的这部分足以抑制菌丝体的成长，从而保护整个叶片不受病害侵染。这些性质保证它稳定高效，持效期长。

370 霜霉威的特点及防治对象是什么？

又称扑霉净、疫霜净。具有局部内吸作用的低毒杀菌剂，属氨基甲酸酯类。对卵菌纲真菌有特效。杀菌机制主要是抑制病菌细胞膜成分的磷脂和脂肪酸的生物合成，进而抑制菌丝生长、孢子囊的形成和萌发。该药内吸传导性好，用作土壤处理时，能很快被根吸收并向上输送到整个植株；用作茎叶处理时，能很快被叶片吸收并分布在叶片中，在30min内就能起到保护作用。对作物的根、茎、叶有明显的促进生长作用。对黄茄、辣椒、莴苣、马铃薯等蔬菜及烟草、草莓、草坪、花卉的卵菌纲真菌病害具有很好的防治效果，如霜霉病、疫病、猝倒病、晚疫病、黑胫病等。

371 霜脲氰的特点及防治对象是什么？

又称清菌脲。具有局部内吸作用，兼具保护和治疗作用，主要是阻止病原菌孢子萌发，对侵入寄主内的病菌也有杀伤作用。单独使用时药效期短，通常与代森锰锌、铜制剂、灭菌丹或其他保护性杀菌剂混用。能有效防治番茄、黄瓜、马铃薯等作物上的霜霉病和晚疫病。

372 水合霉素的特点及防治对象是什么？

又称地霉素、土霉素碱。广谱，其作用机制在于药物能特异性地与核糖体30S亚基的A位置结合，阻止氨基酰-tRNA在该位置上的联结，从而抑制肽链的增长和影响细菌或其他病原微生物的蛋白质合成。防治番茄溃疡病、番茄青枯病、茄子褐纹病、豇豆枯萎病、大葱软腐病、大蒜紫斑病、白菜软腐病、大白菜细菌性角斑病、大白菜细菌性叶斑病、甘蓝类细菌性黑斑病等。

373 水杨酸的特点及防治对象是什么？

可调节植物的生长发育，对植物的光合作用、蒸腾作用和离子的吸收与运输也有调节作用，促进植物优质高产。水杨酸同时也可以诱导植物细胞的分化与叶绿体的生成。水杨酸还作为内生信号参与植物对病原体的抵御，通过诱导组织产生病程相关蛋白，当植物的一部分受到病原体感染时在其他部分产生抗性。作用于水稻、玉米、小麦、油菜、番茄、菜豆、黄瓜、大蒜、大豆、甜菜和烟草等，诱导这些作物对某些病原菌的抗性，例如，水稻稻瘟病、白叶枯病等。对提高作物的抗盐、抗旱、抗寒等有一定的作用。

374 松脂酸铜的特点及防治对象是什么？

又称冠绿。有机铜低毒杀菌剂。通过释放铜离子而起到杀菌作用。其杀菌机制是通过铜离子与病菌细胞膜表面上的阳离子K^+、H^+等的交换，使细胞膜上的蛋白质凝固，同时部分铜离子渗透进入病原菌细胞内与某些酶结合，进而影响酶的活性，最终导致细菌死亡。松脂酸铜可与多种杀虫剂、农药杀菌剂、调节剂现混现用，且能相互增效。对柑橘溃疡病，水稻细菌性条斑病、白叶枯病、稻瘟病，瓜类霜霉病、疫病、黑星病、炭疽病、细菌性角斑病，茄子立枯病，番茄晚疫病等多种病害有较好的防效。

375 萎锈灵的特点及防治对象是什么？

又称卫福。选择性较强的内吸性杀菌剂。可以抑制病菌的呼吸作用，对作物生长有刺激作用。防治由锈菌和黑粉菌在多种作物上引起的锈病和黑粉（穗）病，对棉花立枯病、黄萎病也有效，如高粱散黑穗病、丝黑穗病，玉米丝黑穗病，麦类黑穗病，麦类锈病，谷子黑穗病以及棉花苗期病害。

376 肟菌酯的特点及防治对象是什么？

线粒体呼吸抑制剂，与吗啉类、三唑类、苯氨基嘧啶类、苯基吡咯类、苯基酰胺类如甲霜灵无交互抗性。具有广谱杀菌性、渗透、快速吸收分布，作物吸收快，加之具有向上的内吸性，故耐雨水冲刷性能好、持效期长，因此被认为是第2代甲氧基丙烯酸酯类杀菌剂。对白粉病、叶斑病有特效，对锈病、霜霉病、立枯病、苹果黑腥病亦有很好的活性。

377 肟醚菌胺的特点及防治对象是什么？

通过抑制病原菌细胞微粒体中呼吸途径之一的电子传递系统内的细胞色素的作用而致效。急性毒性温和，无皮肤、眼睛不适或皮肤过敏反应。在植物体内、土壤和水中能很快降解，具有保护、治疗、铲除和渗透作用等特点。有效防治水稻稻瘟病和纹枯病，控制发病茎株的增加，对一些对其他杀菌剂产生抗性的菌株有效，且持效性好。

378 戊菌隆的特点及防治对象是什么？

又称禾穗宁。保护性杀菌剂，无内吸活性，对立枯丝核菌属有特效，尤其是对水稻纹枯病有特效，能有效地控制马铃薯立枯病和观赏作物的立枯丝核病。戊菌隆对由其他土壤真菌如腐霉属真菌和镰刀属真菌引起的病害防治效果不佳，为了同时兼治土传病害，应与能防治土传病害的杀菌剂混用。防治由立枯丝核菌引起的病害，防治由水稻纹枯病效果卓越。

379 戊菌唑的特点及防治对象是什么？

内吸性杀菌剂，具有治疗、保护和铲除作用。是甾醇脱甲基化抑制剂，破坏麦角甾醇的生物合成，导致细胞膜不能形成，使病菌死亡。戊菌唑可迅速地被植物吸收，并在内部传导。能有效地防治由子囊菌、担子菌和半知菌所致病害，尤其是对白粉病。在推荐剂量下使用对作物和环境安全。

380 戊唑醇的特点及防治对象是什么?

又称菌立克。高效广谱内吸性杀菌剂，有内吸活性、保护和治疗作用。是麦角甾醇生物合成抑制剂，能迅速地被植物有生长力的部分吸收并主要向顶部转移。不仅具有杀菌活性，还可促进作物生长，使根系发达、叶色浓绿、植株健壮、有效分蘖增加，从而提高产量。防治由白粉菌属、柄锈菌属、喙孢属、核腔菌属和壳针孢属菌引起的病害，如小麦白粉病、小麦散黑穗病、小麦纹枯病、小麦雪腐病、小麦全蚀病、小麦腥黑穗病、大麦云纹病、大麦散黑穗病、大麦纹枯病、玉米丝黑穗病、高粱丝黑穗病、大豆锈病等。

381 烯肟菌酯的特点及防治对象是什么?

又称佳斯奇。杀菌谱广，杀菌活性高，是一类能同时防治白粉病和霜霉疫病的药剂。烯肟菌酯为甲氧基丙烯酸酯类杀菌剂，具有新颖的化学结构和独特的作用机制。同时还对黑腥病、炭疽病、斑点落叶病等具有非常好的防效。毒性低、对环境具有良好的相容性。与现有的杀菌剂无交互抗性。具有显著的促进植物生长、提高产量、改善作物品质的作用。

382 烯酰吗啉的特点及防治对象是什么?

又称霜安。内吸性杀菌剂，具有保护和抑制孢子萌发活性，通过破坏卵菌细胞壁的形成而起作用。在卵菌生活史的各个阶段都发挥作用，孢子囊梗和卵孢子的形成阶段尤为敏感，烯酰吗啉与苯酰胺类杀菌剂如瑞毒霉、甲霜灵、霜脲氰等没有交互抗性，可以迅速杀死对这些杀菌剂产生抗性的病菌，保证药效的稳定发挥。防治马铃薯晚疫病、葡萄霜霉病、烟草黑胫病、辣椒疫病、黄瓜霜霉病、甜瓜霜霉病、十字花科蔬菜的霜霉病、水稻霜霉病、芋头疫病等。

383 烯唑醇的特点及防治对象是什么?

又称速保利、灭黑灵。广谱内吸性杀菌剂，具有保护、治疗和铲除作用。烯唑醇的抗菌谱广，具有较高的杀菌活性和内吸性，植物的种子、根、叶片均能内吸，并具有较强的向顶传导性能，残效期长，对病原菌孢子的萌发抑制作用小，但能明显抑制萌芽后芽管的伸长、吸器的形状、菌体在植物体内的发育、新孢子的形成等。可防治由子囊菌、担子菌和半知菌引起的许多真菌病害。不宜长时间、单一使用该药，否则宜使病原菌产生抗药性，对由藻状菌纲病菌引起的病害无效。对子囊菌和担子菌有特效，适用于防治麦类散黑穗病、腥黑穗病、坚黑穗病、白粉病、条锈病、叶锈病、秆锈病、云纹病、叶枯病，玉米、高粱丝黑穗病，花生褐斑病、黑斑病，苹果白粉病、锈病，梨黑星病，黑穗醋栗白粉病以及咖啡、蔬菜等的白粉病、锈病等病害。

384 缬霉威的特点及防治对象是什么?

又称异丙菌胺。作用于真菌细胞壁和蛋白质的合成，能抑制孢子的侵染和萌发，同时能抑制菌丝体的生长，导致其变形、死亡。对由霜霉科和疫霉属真菌引起的病害具有很好的治疗和铲除作用。既可用于茎叶处理，也可用于土壤处理（防治土传病害）。防治黄瓜、葡萄等作物上的霜霉病。

385 亚胺唑的特点及防治对象是什么?

又称霉能灵。广谱内吸性杀菌剂，具有保护和治疗作用，是甾醇合成抑制剂，作用机理是破坏和阻止麦角甾醇的生物合成，从而破坏细胞膜的形成，导致病菌死亡。喷到作物上后能快速渗透到植物体内，耐雨水冲刷，土壤施药不能被根吸收。防治由子囊菌、担子菌和半知菌所致病害，如桃、杏、柑橘疮痂病，梨黑星病，苹果黑星病、锈病，白茅、紫薇白粉病，花生褐斑病，茶炭疽病，玫瑰黑斑病，菊、草坪锈病等。尤其是对柑橘疮痂病、葡萄黑痘病、梨黑星病具有显著的防治效果。对藻状真菌无效。

386 叶菌唑的特点及防治对象是什么?

又称羟菌唑。麦角甾醇生物合成中 C-14 脱甲基化酶抑制剂。两种异构体都有杀菌活性，但顺式活性高于反式。叶菌唑的杀真菌谱非常广泛，且活性极佳。叶菌唑田间施用对谷类作物壳针孢、镰孢霉和柄锈菌植病有卓越的效果。叶菌唑同传统杀菌剂相比，剂量极低而防治谷类植病的范围却很广。防治小麦壳针孢、穗镰刀菌、叶锈病、条锈病、白粉病、颖枯病，大麦矮形锈病、白粉病、喙孢属，黑麦喙孢属、叶锈病，燕麦冠锈病，小黑麦（小麦与黑麦杂交）叶锈病、壳针孢。对壳针孢属和锈病活性优异。

387 硫菌灵的特点及防治对象是什么?

又称托布津。高效、低毒、广谱的取代苯类杀菌剂。具有内吸杀菌作用，兼有保护和治疗作用。对人畜低毒。防治稻、麦、甘薯、果树、蔬菜及棉花等多种作物上的白粉病、菌核病、灰霉病、炭疽病等。

388 乙菌利的特点及防治对象是什么?

又称克氯得。防治灰葡萄孢和核盘菌属菌以及观赏植物的某些病害。可防治禾谷类叶部病害和种传病害，如小麦腥黑穗病、大麦和燕麦的散黑穗病，也可防治苹果黑星病和玫瑰白粉病等、葡萄灰霉病、草莓灰霉病、蔬菜上的灰霉病等。

389 乙磷铝的特点及防治对象是什么?

又称疫霜灵、疫霉灵、霉菌灵。有机磷类高效、广谱、内吸性杀菌剂，具有治疗和保护作用。作用机理是抑制病原菌的孢子萌发，阻止菌丝体的生长。具有双向传导功能。通过根部和基部茎叶吸收后向上输导，也能从上部叶片吸收向基部叶片输导。该药水溶性好，内吸渗透性强，持效期长，使用安全。对霜霉病、疫病、晚疫病、立枯病、枯萎病、溃疡病、褐斑病、稻瘟病、纹枯病等多种真菌性病害均具有良好的防治效果。可用于防治黄瓜霜霉病、啤酒花霜霉病、白菜霜霉病、烟草黑胫病、橡胶树割面条溃疡病、棉花疫病等。黄瓜、白菜在使用浓度偏高时易产生药害；病害产生抗药性时，对上述蔬菜不应随意增加使用浓度。

390 乙霉威的特点及防治对象是什么？

又称抑菌灵、万霉灵。防病性能与霜霉威不同，主要特点是对多菌灵、腐霉利等杀菌剂产生抗性的菌类有高的活性。杀菌机理是进入菌体细胞后与菌体细胞内的微管蛋白结合，从而影响细胞的分裂。与多菌灵有负交互抗性。本品一般不做单剂使用，而与多菌灵、甲基托布津或速克灵等药剂混用防治灰霉病。防治黄瓜灰霉病、茎腐病，甜菜叶斑病，番茄灰霉病等，也可用于水果保鲜防治苹果青霉病。

391 乙嘧酚的特点及防治对象是什么？

又称灭霉定。对菌丝体、分生孢子、受精丝等都有极强的杀灭效果，并能强力抑制孢子的形成，阻断孢子再侵染来源，杀菌效果全面彻底。对于已经发病的作物，乙嘧酚能够起到很好的治疗作用，能够铲除已经侵入植物体内的病菌，能够明显抑制病菌的扩展。防治大麦、小麦、燕麦等禾谷类作物白粉病，也可防治葫芦科作物白粉病。做拌种处理时经根部吸收保护整株作物；茎叶喷雾处理时茎叶部吸收传导，防止病害蔓延到新叶。

392 乙嘧酚磺酸酯的特点及防治对象是什么？

具有内吸性，属于高效、环境相容性好的腺嘌呤核苷脱氨酶抑制剂，可被植物的根、茎、叶迅速吸收，并在植物体内运转到各个部位，具有保护和治疗作用。用于小麦、黄瓜等禾本科、葫芦科作物白粉病的防治。对草莓、玉米、瓜类、葫芦科、茄科白粉病有特效。

393 乙蒜素的特点及防治对象是什么？

又称抗菌剂 402。大蒜素的同系物，一种广谱性杀菌剂。杀菌机制是其分子结构中的 S—S（O）═O 基团与菌体分子中含—SH 基的物质反应，从而抑制菌体正常代谢。对植物生长具有刺激作用，经它处理过的种子出苗快，幼苗生长健壮。活性高，用量少，可有效抑制棉花立枯病、枯萎病、黄萎病，水稻稻瘟病、白叶枯病、恶苗病、烂秧病、纹枯病，玉米大小斑病、黄叶，小麦赤霉病、条纹病、腥黑穗病，西瓜蔓枯病，西瓜苗期病害，黄瓜苗期绵疫病、枯萎病、灰霉病、黑星病、霜霉病，白菜软腐病，姜瘟病，番茄灰霉病、青枯病，辣椒疫病等。

394 乙烯菌核利的特点及防治对象是什么？

触杀性杀菌剂，主要干扰细菌核功能，并对细胞膜和细胞壁有影响，改变膜的渗透性，使细胞破裂。对果树、蔬菜类作物的灰霉病、褐斑病、菌核病有较好的防治效果，还可用于葡萄、果树、啤酒花和观赏植物上。

395 异稻瘟净的特点及防治对象是什么？

有机磷杀菌剂。主要干扰细胞膜透性，阻止某些亲脂几丁质前体通过细胞质膜，使几丁质的合成受阻碍，细胞壁不能生长，抑制菌体的正常发育。具有良好的内吸传导杀菌作用，对稻叶叶瘟、穗颈瘟的防治效果优良，可兼治稻飞虱、水稻稻瘟病、水稻纹枯病、小球菌核病、玉米大小斑病。

396 异菌脲的特点及防治对象是什么？

又称扑海因。广谱、触杀型杀菌剂，能抑制蛋白激酶，控制许多细胞功能的细胞内信号，包括糖类结合进入真菌细胞组分的干扰作用。因此，它可抑制真菌孢子的萌发及产生，也可抑制菌丝生长。即对病原菌生活史中的各发育阶段均有影响。适用于防治多种果树、蔬菜、瓜果类等作物早期落叶病、灰霉病、早疫病等病害。

397 抑霉唑的特点及防治对象是什么？

又称烯菌灵。具有内吸、治疗、保护多种作用，广泛用于果品采后的防腐保鲜处理。杀菌机制主要是影响病菌细胞膜的渗透性、生理功能和脂质合成代谢，从而破坏病菌的细胞膜，同时抑制病菌孢子的形成。对抗多菌灵、噻菌灵等苯并咪唑类的青、绿霉菌有特效。防治柑橘、芒果、香蕉、苹果、瓜类等作物病害，也可用于防治谷类作物病害。

398 吲唑磺菌胺的特点及防治对象是什么？

对疫病及霜霉病具有很高的杀菌活性，特别是对病菌游离孢子的活性甚高，是一种以预防为主的药剂。该药剂通过间接抑制游离孢子发芽，且有相当的持效期。药剂处理后经调查发现，1 天后有五成左右浸透表皮，8 天后达八成，由此赋予它良好的持效性和耐雨水冲刷性。最近还发现，在感染病菌后喷洒，可使罹病叶片不能形成健全孢子，从而抑制其他部位致病，避免作物二次感染病菌。防治由卵菌纲病菌引起的马铃薯、大豆、番茄、黄瓜、甜瓜、葡萄等作物上的霜霉病和疫病。

399 种菌唑的特点及防治对象是什么？

具有杀菌谱较广，兼具内吸、保护及治疗作用；广泛用于控制水稻和其他作物的种子病害，对水稻恶苗病、胡麻斑病和稻瘟病有较好的防治效果。防治小麦壳针孢、穗镰刀菌、叶锈病、条锈病、白粉病、颖枯病，大麦矮形锈病、白粉病，黑麦叶锈病，燕麦冠锈病等。

400 唑嘧菌胺的特点及防治对象是什么？

作用于呼吸链复合体Ⅲ，可作用于孢子萌发、孢子囊萌发和孢子释放等阶段，是保护性的杀菌剂。唑嘧菌胺是一种高选择性的杀菌剂，可高效灵活地防治霜霉病和晚疫病。该产品耐雨水冲刷，能在叶片中重新分布，保护作物健康成长，充分发挥生长潜力。对黄瓜和葡萄霜霉病、马铃薯晚疫病具有较好的防治效果。

第五章

除草剂知识

401 什么是杂草？

在田间和作物生长在一起，对作物产量和品质有不良影响的野生植物。这些植物是在长期自然条件和生产条件下产生的，具有独特的生物学特性，如繁殖力强，适应性广，发芽、生长、成熟极不整齐，传播方法多种多样，形态与伴生作物相似等，因此在田间不易彻底清除。

402 杂草的危害是什么？

杂草与作物争夺水分、养分，遮蔽阳光，妨碍作物的正常生长，有的是病虫害的中间寄主，有的直接寄生于作物体上，有的具有毒性，影响人们的身体健康和牲畜安全。

403 防除杂草的方法有哪些？

农业除草法（如精选种子，人工拔草，水旱轮作、合理翻耙、春灌诱发杂草和淹灌杂草等），机械除草法（如机械中耕除草），生物除草法（利用昆虫与微生物防除杂草等）与化学除草法（除草剂除草）等。

404 什么是植物化感作用？

指植物（含微生物）通过释放化学物质到环境中而产生的对其他植物（含微生物）直接或间接的有害作用。化感作用是通过植物向环境中释放化感物质来实现的。化感物质都是植物的次生代谢物质，主要包括酚类、萜类、生物碱等。利用化感作用的相生相克原理来解决连作障碍，以草治草。

405 什么是除草剂？

指使用一定剂量即可抑制杂草生长或杀死杂草，从而达到控制杂草危害的制剂。分化学除草剂和生物除草剂。

406 什么是非选择性除草剂？

又称灭生性除草剂。这类除草剂对植物缺乏选择性或选择性小，因此不能将它们直接喷到生育期的作物田里，否则草苗均会受害或死亡。如百草枯、草甘膦。

407 什么是选择性除草剂？

在一定剂量或浓度下，除草剂能杀死杂草而不杀伤作物；或是杀死某些杂草而对另一些杂草无效；或是对某些作物安全而对另一些作物有伤害。具有这种特性的除草剂称为选择性除草剂。目前使用的除草剂大多数都属于此类。

408 什么是触杀型除草剂？

此类除草剂接触植物后不在植物体内传导，只限于对接触部位的伤害。这种局部的触杀作用足以造成杂草的死亡，但必须要求施药均匀才能奏效，当防除多年生宿根性杂草时还要多次施药方可杀死。

409 什么是传导型除草剂？

这类除草剂可被植物的根、叶、芽鞘和茎部吸收。根系吸收药剂后沿木质部的导管与蒸腾流一起向地上部传导；茎叶吸收后沿韧皮部筛管与光合产物一起向下传导。苯氧羧酸类、均三氯苯类、取代脲类等品种均属于传导型除草剂。此类除草剂中的许多品种可以防除多年生杂草的块根、块茎等。

410 化学除草的优点有哪些？

化学除草具有高效、快速、经济的优点；有些品种还兼有促进作物生长的优点，它是大幅度提高劳动生产率，实现农业机械化必不可少的一项先进技术，成为农业高产、稳产的重要保障。

411 除草剂的选择性原理是什么？

（1）位差选择性。利用作物与杂草根系分布深浅和分蘖节位置等的不同进行的选择。分为土壤位差选择性：利用作物和杂草的种子或根系在土壤中位置的不同，施用除草剂后，使杂草种子或根系接触药剂，而作物种子或根系不接触药剂，从而杀死杂草，保护作物安全；空间位差选择性：一些行距较宽且作物与杂草有一定高度比的作物田或者果园、树木、橡胶园等，可采用定向喷雾或者保护性喷雾措施，使作物接触不到药液或仅仅是非药害部位接触到药液，而只喷雾在杂草上。

（2）时差选择性。利用某些除草剂残效期短、见效快、选择性差的特点，以及非选择性除草剂采用不同的施药时间来防除杂草。作物播种前施药，将田中已萌发的杂草杀死，待药剂失效后再进行播种。草甘膦、百草枯在免耕田播前施用杀死杂草后，播种作物也是利用时差选择性。

（3）形态选择性。利用作物与杂草的形态结构差异而获得的选择性。

（4）生理选择性。利用植物茎叶或根系对除草剂吸收与输导的差异而产生的选择性。

（5）生物化学选择性。利用除草剂在植物体内生物化学反应的差异产生的选择性。这种选择性在作物田应用，安全性高，属于除草剂真正意义上的选择性。除草剂在植物体内进行的生物化学反应多数都属于酶促反应。

412 除草剂的使用方法有哪些？

（1）分土壤处理除草剂和茎叶处理除草剂。在播种前、播种后、出苗前或出苗后施于土壤的除草剂，称为土壤处理除草剂。有些药剂（如氟乐灵）喷洒在土壤后还必须及时混拌于土中，以防止挥发和光解而减效。这类除草剂是通过杂草的根、芽鞘或下胚轴等部位吸收而起作用的。一些酰胺类、取代脲类和均三氮苯类等除草剂都属于此类。在杂草或作物出苗后施用于植物茎叶表面杀死杂草的药剂称为茎叶处理剂。这类除草剂的品种较多。

（2）按施药方法又可分为喷雾法、撒施法、泼浇法、甩施法、涂抹法、除草剂薄膜法等。

413 什么是除草剂的解毒剂？

可避免或减缓一些毒性强的除草剂对作物的毒害。例如 1,8-萘二甲酐处理高粱种子，可防止甲草胺对高粱的伤害；用 R-25788 处理土壤，可使玉米等作物避免灭草丹、丙草丹、草克死等硫代氨基甲酸酯类除草剂的药害。解草腈可使高粱免于异丙甲草胺造成的药害；解草烷是玉米新选择性高效硫代氨基甲酸酯类除草剂的解毒剂。噁霉灵可降解西草净、敌稗对水稻苗的药害。矮壮素拌种保护剂，可减轻去草净对小麦的药害。萎锈灵 0.3%种子量拌小麦种，可防止燕麦畏的药害。敌磺钠施于土壤，可解除玉米田阿特拉津的残留药害。赤霉素能使水稻受 2,4-滴类药害后，很快恢复正常生长。

414 杂草抗药性的治理有哪些？

（1）尽可能采用农业措施、生物防除、物理及生态控制等各种非化学除草技术，减少除草剂的使用次数和使用量，防止杂草群落的频繁演替和抗药性杂草的产生。

（2）合理选择和使用化学除草剂，避免长期单一地在某一地区使用一种或作用方式相同的除草剂防治杂草。

（3）合理混用除草剂。合理混用除草剂可以扩大杀草谱，减少用量，提高防治效果，降低用药成本，还可以延缓抗性杂草的产生。但长期连续使用同一种混剂或混用组合，也有诱发多抗性杂草出现的可能。

（4）使用新型除草剂品种。对于已经产生抗药性的杂草，需要更换所用除草剂品种才可达到较好的防治效果。

415 苯氧羧酸类除草剂的特性有哪些?

（1）特点。①选择性强，主要对阔叶杂草有特效，适用于水稻、小麦、玉米田防除阔叶草。阔叶作物如大豆、棉花对此较敏感。②属激素型除草剂，即低浓度时可促进生长，高浓度时可抑制生长或毒杀植物。但对禾本科植物较安全。③为内吸传导性除草剂，根、茎、叶均能吸收，通过韧皮部和木质部导管传递，可用于茎叶喷雾或土壤处理。④禾谷类作物一般在4～5叶期至拔节期使用，耐药力强，比较安全，而幼苗期和拔节后植物生长迅速，对药剂比较敏感，易产生药害。

（2）品种。一种是以2,4-二氯酚为本体的，如2,4-二氯苯氧乙酸(2,4-滴酸)、2,4-二氯苯氧丙酸、2,4-二氯苯氧丁酸。另一种是以邻甲酚为本体的，如2甲4氯酸（MCPA)、2甲4氯丙酸（MCPP)、2甲4氯丁酸（MCPB)

（3）药害症状。禾本科作物受害表现为幼苗矮化与畸形。禾本科植物形成葱叶形，花序弯曲、难抽出，出现双穗、小穗对生、重生、轮生、自花不稔等。茎叶喷洒，特别是炎热夏天喷洒时，会使叶片变窄而皱缩，心叶呈马鞭状或葱状，茎变扁而脆弱，易于折断，抽穗难，主根短，生育受抑制。双子叶植物叶脉近于平行，复叶中的小叶愈合；叶片沿叶缘愈合成筒状或类杯状，萼片、花瓣、雄蕊、雌蕊数增多或减少，性状异常。顶芽与侧芽生长严重受到抑制，叶缘与叶尖坏死。受害植物的根、茎发生肿胀。可以诱导组织内细胞分裂而导致茎部分地加粗、肿胀，甚至茎部出现胀裂、畸形，花果生长受阻。受药害时花不能正常发育，花推迟、畸形变小；果实畸形、不能正常出穗或发育不完整，植物萎黄。受害植物不能正常生长，敏感组织出现萎黄、生长发育缓慢。

（4）注意事项。①苯氧羧酸类除草剂的除草效果受药液酸碱度的影响较大，当药液呈酸性时，进入叶片的2,4-滴数量增多。这是由于2,4-滴等除草剂的解离程度决定溶液的酸度，在酸性条件下解离甚少，多以分子状态进入植物体内，提高了进入植物体的速度和对植物的敏感度。所以在配制2,4-滴药液时，加入适量的酸性物质，如尿素、硫酸铵等氮肥，能显著提高除草效果，同时也对作物起到追肥作用。②药液雾滴漂移对周围植物的药害问题。各种植物对2,4-滴等除草剂的敏感程度不同，禾谷类作物的抗性很强，甜菜、向日葵、番茄、葡萄、柳树、榆树等很敏感，春季麦田灭草喷药时，被风吹到这些植物叶面上的一些细小雾滴可使其受害严重，甚至相距喷药地点数百米也难免受害。

416 芳氧苯氧基丙酸酯类除草剂的特性有哪些?

（1）特点。①对阔叶植物安全，超过正常药量的倍量亦不产生药害。主要防治禾本科杂草，而且在禾本科内，不同属间有较高的选择性，对小麦比较安全，可以用于防治阔叶作物田的禾本科杂草。有些品种可用于麦田。②为植物激素的拮抗剂，不能与苯氧乙酸混用，连用。③为内吸传导型，可被植物的根、茎、叶吸收并传导，抑制生长。茎叶喷雾时，对幼芽的抑制作用强，而土壤处理时，对根的抑制作用强。所以一般用于茎叶喷雾以杂草 3～5 叶期防效最好。④分子结构中含有手性碳，有（*R*）-体和（*S*）-体，其中（*S*）-体没有除草活性。含（*R*）-体的药剂称为“精＊＊，高效＊＊”，如精吡氟禾草灵。⑤土壤温度高时，可增加药效，旱时药效差。⑥为脂肪酸合成抑制剂，其靶标酶为乙酰辅酶 A 羧化酶。⑦对哺乳类动物低毒。⑧多数品种环境降解较快。

（2）品种。精喹禾灵、高效氟吡甲禾灵、精吡氟禾草灵、精噁唑禾草灵、氰氟草酯、噁唑酰草胺等。

（3）药害症状。受药后植物迅速停止生长，主要是指幼嫩组织的分裂停止，而植物全部死亡所需时间较长；植物受害后的第一症状是叶色萎黄，特别是嫩叶最早开始萎黄，而后逐渐坏死；最明显的症状是叶片基部坏死，茎节坏死，导致叶片萎黄死亡，植物叶片卷缩，叶色发紫，而后慢慢枯萎死亡。

（4）注意事项。①高盖、精禾草克、精稳杀得、威霸等除防治一年生杂草外，对多年生禾本科杂草如芦苇、假高粱、狗牙根、双穗雀稗、白茅等也有良好的防治效果。②芳氧苯氧丙酸类除草剂的大多数品种的药效随温度上升而提高，但禾草灵则与此相反。③土壤水分对此类除草剂的药效有明显的影响，土壤高湿条件下药效明显提高。④施用芳氧苯氧丙酸类除草剂时，加入表面活性剂可提高药效，水分适宜的条件下可减少用药量。

417 二硝基苯胺类除草剂的特性有哪些？

（1）特点。①除草谱广，不仅可以防除一年生禾本科杂草，而且还可以防除部分一年生阔叶杂草。②均为选择性触杀型土壤处理剂，在作物播种前或播种后、出苗前施用。③除草机制主要是破坏细胞正常分裂。④易于挥发和光解，对紫外线极不稳定，在田间喷药后必须尽快进行耙地拌土。⑤除草效果比较稳定，在土壤中挥发的气体也起着重要的杀草作用，因而在干旱条件下也能发挥较好的除草效果。⑥应用广泛，不仅是大豆与棉花田的主要除草剂，同时也能用于其他豆料、十字花科蔬菜以及果园、森林苗圃等，有的品种还是稻田的良好除草剂。⑦在土壤中的持效期中等或稍长，大多数品种的半衰期为 2～3 个月，正确使用时，对于轮作中绝大多数后茬作物无残留药害。⑧水溶度低，被土壤强烈吸附，故在土壤中既不垂直移动也不横向移动，多次重复使用时在土壤中也不积累。

（2）品种。氟乐灵、二甲戊乐灵、氨氟乐灵、乙丁烯氟灵等。

（3）药害症状。阻碍植株发育，不能完全出土，次生根变短粗大。禾本科植物根尖变粗，新出土的幼苗缩短变粗，有时呈红或紫色。阔叶植物的胚轴膨胀，破坏，大豆茎基部有时会出现硬结的组织，植株变脆，易折断。

418 三氮苯类除草剂的特性有哪些？

（1）特点。①三氮苯类除草剂属选择性输导型土壤处理剂，易经植物根部吸收。“津类”以根吸收为主，“净类”根、茎、叶均可吸收。②杀草谱广，能防除禾本科杂草和阔叶杂草，但防除阔叶杂草效果更好。③作用机制与取代脲类相似，抑制植物光合作用中的电子传递。④该类除草剂在土壤中有较强的吸附性，通常在土壤中不会过度淋溶。⑤在土壤中有较长的持效期。⑥三氮苯类除草剂种类很多。

（2）品种。我国常用的有西玛津、莠去津、扑草净、西草净、氰草津、赛克津等。

（3）药害症状。光合作用抑制剂不阻碍发芽和出苗。症状仅发生在伸出子叶和第一片叶以后。最初的症状包括叶尖端黄化接着扩展至叶缘。阔叶杂草可以发生叶脉间黄化（褪绿）。由于老叶和大叶吸收了较多的药液，并且它们是主要的光合作用组织，所以最先受害，最终变褐死亡。

（4）注意事项。①甲氧基均三氮苯品种不影响杂草种子发芽，主要防治杂草幼芽，施药应在杂草萌发前、作物播前、播后苗前进行，最好播后随即施药，苗后应在杂草幼龄阶段、大多数杂草出齐时进行。②三氮苯类除草剂绝大多数为土壤处理剂。在生产中应根据土壤质地和有机质含量确定用量。土壤吸附作用强，则单位面积用药量适当增加，反之则减少。

419 酰胺类除草剂的特性有哪些?

（1）特点。①都为选择性输导型除草剂；②广泛应用的绝大多数品种为土壤处理剂，部分品种只能进行茎叶处理；③几乎所有品种都是防除一年生禾本科杂草的除草剂，对阔叶杂草效果较差；④作用机制主要是抑制发芽种子 a-淀粉酶及蛋白酶的活性；⑤土壤中持效期较短，一般为 1～3 个月；⑥在植物体内，降解速度较快。

（2）品种。甲草胺、异丙甲草胺、乙草胺、丙草胺、异丙草胺、萘氧丙草胺、丁草胺、萘丙酰草胺、敌稗、氯乙酰胺、苯噻酰草胺等。

（3）药害症状。阻碍幼苗的生长发育，导致幼苗畸形，不能出土，禾本科植物叶片不能出土或叶片不能完全展开；阔叶植物叶片皱缩或中脉变短，在叶间产生所谓“抽筋”现象。

（4）注意事项。土壤黏粒和有机质对酰胺类除草剂有吸附作用，土壤黏粒和有机质含量增加，其用药量应相应增加，但在有机质含量 6%以下，乙草胺药效受其影响不大。

420 二苯醚类除草剂的特性有哪些?

（1）特点。①以触杀作用为主，内吸传导性差。②作用靶标为原卟啉原氧化酶，使叶绿素合成受阻。③防除一年生杂草和种子繁殖的多年生杂草，多数品种防除阔叶杂草的效果优于禾本科杂草。④其作用的发挥有赖于光照，使用时喷在土壤表面形成一层药膜，而不用撒土法。⑤含氟品种活性较高。使用方法为土壤处理。⑥对作物易产生药害，为触杀型药害，一般经 5～10 天即可恢复正常，不会造成作物减产。

（2）品种。乙氧氟草醚、氟磺胺草醚、三氟羧草醚、乳氟禾草灵等。

（3）药害症状。植物叶片黄化、转褐而死亡。加入植物油又遇低温或高温，会加重植物药害。

421 磺酰脲类除草剂的特性有哪些？

（1）特点。①活性高，选择性强，对作物安全。②杀草谱广，对绝大多数阔叶草和部分禾本科草有很好的防效。③内吸传导性好。可被杂草的根、茎、叶吸收，所以可做土壤处理剂。④持效期长，一次用药可控制整个生育期杂草。但有些品种对后茬作物造成药害。⑤作用机制为抑制乙酰乳酸合成酶（ALS），阻止支链氨基酸的合成。

（2）品种。绿黄隆、苄嘧磺隆（农得时、苄磺隆）、甲嘧磺隆、氯嘧磺隆、烟嘧磺隆、苯磺隆（巨星、阔叶净）、噻磺隆、胺苯磺隆、醚磺隆（莎多伏）、噻吩磺隆、酰嘧磺隆、甲基二磺隆、醚苯磺隆、单嘧磺酯、氟唑磺隆、吡嘧磺隆、乙氧嘧磺隆、四唑嘧磺隆、环丙醚磺隆、砜嘧磺隆、甲酰胺磺隆、啶嘧磺隆等。

（3）药害症状。禾本科植物生长发育受阻，叶脉间黄化（褪绿）或变紫色。玉米植株生长发育受阻，表现为根部受抑制，如须根明显减少。玉米叶片无法完全展开，并且出现黄化至半透明。阔叶植物生长发育受到阻碍，而且变黄或变紫。大豆受害表现生长受阻碍或生长坏死。大豆叶片变黄、叶脉变红或变紫。另外，特别是敏感的玉米品种在茎叶处理后表现为黄斑，通常整个叶片变黄。药害发生在苗后早期处理时，会出现幼苗丛生。不同玉米品种药害表现很不规律。

422 氨基甲酸酯类除草剂的特性有哪些？

（1）特点。①选择性除草剂。②主要以根和幼芽吸收，用于土壤处理。多数易挥发，土表处理后要混土，水田撒毒土。③内吸传导性好。④杀草谱以单子叶草为主，对某些阔叶草也能防治，在播前、苗前或早期苗后使用。⑤作用机理是抑制细胞分裂与伸长，抑制根幼芽生长，造成幼芽畸形、根尖肿大。

（2）品种。灭草灵、燕麦灵、苯胺灵、杀草丹、丙草丹、野麦威和草达灭等。

（3）药害症状。阻碍植株发育，不能完全出土，次生根变短粗大。禾本科植物根尖变粗，新出土的幼苗缩短变粗，有时呈红或紫色。阔叶植物的胚轴膨胀，破坏，大豆茎基部有时会出现硬结的组织，植株变脆，易折断。

（4）注意事项。①硫代氨基甲酸酯类除草剂易于挥发，特别是从湿土表面随水分蒸发而挥发更为迅速，施后应采用机械混土或灌水措施。②土壤质地、有机质含量对氨基甲酸酯与硫代氨基甲酸酯类除草剂的药效有显著影响，如土壤有机质与黏粒对这类除草剂均有不同的吸附作用，所以用药量因土壤有机质含量与土壤质地而异。

423 有机磷类除草剂的特性有哪些?

（1）特点。①大多数有机磷除草剂品种的选择性都比较差，往往作为灭生性除草剂而用于林业、果园、非农田及免耕田；②杀草谱比较广，一些品种如草甘膦、双丙胺膦、草丁膦等不仅能防治一年生杂草，而且还能防治多年生杂草。

（2）药害症状。植物叶片，尤其是新叶生长点首先发黄或变紫色，然后转为褐色，10～14 天死亡。在土壤中无活性，能保持在多年生或禾本植物中，再生植物出现畸形、带白色边缘或条纹症状。

（3）注意事项。①除草甘膦、草丁膦、双丙胺膦等一些品种进行茎叶喷雾防治大多数一年生杂草以及灌木和木本植物以外，其他大多数有机磷除草剂品种多为芽前处理防治一定范围的草本杂草。②土壤处理品种的药效与土壤含水量、有机质含量及机械组成密切相关，而茎叶处理品种的除草效果则受多种因素的制约，通常高浓度、小雾滴有助于药效的发挥，喷洒液的水质对药效的影响较大。

424 苯甲酸类除草剂的特性有哪些?

（1）特点。苯甲酸类除草剂能迅速被植物的根、茎、叶吸收，通过韧皮部或木质部向上与向下传导，并积累于分生组织中。禾本科植物吸收药剂后能很快地进行代谢使之失效，故表现较强的抗性。

（2）品种。百草敌、豆科威、地草平、草芽平、敌草索、敌草死、杀草畏等。

（3）药害症状。与苯氧羧酸类除草剂造成的药害相似，但叶片成杯状比舌状要多。

（4）注意事项。①大豆对百草敌非常敏感，受害程度与其生育期、用药量有关，开花期最敏感。大豆对百草敌比 2,4-滴敏感得多，相当于 2,4-滴 1/10 药量的百草敌即可达到同样的受害程度。大豆田施用豆科威后如遇大雨，在轻质土壤中可将豆科威淋溶到大豆根部，生长受抑制。②玉米苗前使用过量的百草敌可积累在发芽的种子里，使初生根系增多，生长受抑制，长度生长减弱，叶形变窄。在玉米苗后支持根生长初期使用过量的百草敌，可使支持根扁化，出现葱状叶，茎脆弱。③小麦拔节后施用百草敌最易受害，茎倾斜、弯曲，严重的不结实。④易受百草敌漂移危害的阔叶植物有烟草、向日葵、棉花、番茄、黄瓜、莴苣、马铃薯、苜蓿、葡萄、花生、豌豆、胡萝卜、西瓜、果树、林带等。

425 取代脲类除草剂的特性有哪些?

（1）特点。①取代脲类除草剂的大多数品种都是土壤处理剂，通常在作物播种后出苗前应用。②防治一年生杂草幼苗，对阔叶杂草的防治效果优于禾本科杂草。③大多数水溶性差，不易淋溶，能较长时间存在于土表中，因此，可利用位差选择增加其选择性。④内吸性除草剂。以根吸收为主，向上传导叶片。⑤抑制光合作用电子传递过程。

（2）品种。绿麦隆、敌草隆、莎扑隆、异丙隆和利谷隆等。

（3）药害症状。同三氮苯类似，但是黄化从叶基部开始。

（4）注意事项。①根据土壤特性，主要是土壤湿度、有机质含量与土壤质地，正确地确定单位面积用药量；吸附作用与含水量是影响活性与药效的重要因素，土壤有机质含量越高，吸附作用显著增强，活性明显下降，这种现象在现有各类除草剂中是最明显的。②大多数品种的水溶度低，作为土壤处理剂在干旱条件下很难发挥作用，施用后2周内需有12～25mm降水才能使其活性挥发，适宜的高温也有助于除草作用的增强。

426 咪唑啉酮类除草剂的特性有哪些?

（1）特点。咪唑啉酮类除草剂是一类高活性、选择性强的广谱性除草剂，它们既能防治一年生禾本科杂草与阔叶杂草，也能防治多年生杂草，对多种作物具有良好的选择性。

（2）品种。咪唑乙烟酸（普施特、咪草烟）、灭草喹。

（3）药害症状。禾本科植物生长发育受阻，叶脉间黄化（褪绿）或变紫色。玉米植株生长发育受阻，表现为根部受抑制，如须根明显减少。玉米叶片无法完全展开，并且出现黄化至半透明。阔叶植物生长发育受到阻碍，而且变黄或变紫。大豆受害表现生长受阻碍或生长坏死。大豆叶片变黄、叶脉变红或变紫。

（4）注意事项。①土壤有机质与黏粒含量在咪唑啉酮类除草剂吸附中起重要作用，吸附作用增强，残留时期延长；黏土中的残留时期比壤土与砂土长；土壤含水量增加，温度增高，降解作用加快，残留时期缩短。②咪草烟在土壤中的残留时期较长，施药后次年不宜种植甜菜、油菜、高粱、棉花、蔬菜、水稻、马铃薯等。

427 环己烯酮类除草剂的特性有哪些?

（1）特点。①内吸传导性除草剂，被植物叶片迅速吸收并在植株体内运转，喷药后经3h降雨对药效无影响。②它们进行土壤处理时的活性较低，故所有品种均进行出苗后茎叶喷雾防治禾本科杂草。③此类除草剂仅对禾本科植物的乙酰辅酶A羧化酶有效，对阔叶植物的乙酰辅酶A羧化酶并无活性，故对阔叶作物呈现了很好的安全性。

（2）品种。烯草酮、三甲苯草酮、烯禾啶、噻草酮、环苯草酮、丁苯草酮、禾草灭等。

（3）药害症状。只有禾本科植物受害。新生叶片组织黄化（褪绿）或变褐（坏死）。心叶易与植物脱离。

（4）注意事项。①土壤湿度高，杂草幼嫩时喷药，除草效果好。②表面活性剂、矿物油、硫酸铵、磷酸氢二铵以及植物油等均能提高此类除草剂的活性。

428 联吡啶类除草剂的特性有哪些?

（1）特点。①灭生性除草剂，对作物没有选择性，见绿就杀。②杀除速度快，药后2～3h后杂草就发黄，3～4天就死亡。③没有内吸和传导的功能，施药时要求喷雾细致。④对多年生杂草地下部分没有作用。

（2）品种。百草枯、敌草快。

（3）注意事项。①通常表面活性剂能够提高除草活性。②百草枯与敌草快是茎叶处理剂，其作用取决于光，植物对其吸收非常迅速，因而喷药后短期内降雨不影响药效的发挥。③用于作物田时，必须在作物播种前或播种后苗前喷药防治已出苗的杂草，是免耕与少耕体系中一项重要的除草措施。④百草枯，特别是敌草快可作为向日葵、棉花等作物的脱叶干燥剂应用。

429 2,4-滴的特点及使用注意事项有哪些？

苯氧乙酸类激素型选择性除草剂。低剂量使用时调节植物生长，高剂量可除草。它能促进番茄坐果，防止落花，加速幼果发育。内吸性强。可从根、茎、叶进入植物体内，降解缓慢，故可积累一定浓度，从而干扰植物体内激素平衡，破坏核酸与蛋白质代谢，促进或抑制某些器官生长，使杂草茎叶扭曲、茎基变粗、肿裂等。防除藜、苋等阔叶杂草及萌芽期禾本科杂草。留作种子用的农田禁用本品，以免造成植物生长变态。

430 2,4-滴丁酯的特点及注意事项有哪些？

防除阔叶杂草。具有较强的内吸传导性。主要用于苗后茎叶处理，穿过角质层和细胞膜，最后传导到各部分。在不同部位对核酸和蛋白质的合成产生不同影响，在植物顶端抑制核酸代谢和蛋白质的合成，使生长点停止生长，幼嫩叶片不能伸展，抑制光合作用的正常进行，传导到植株下部的药剂，使植物茎部组织的核酸和蛋白质的合成增加，促进细胞异常分裂，根尖膨大，丧失吸收能力，造成茎秆扭曲、畸形，筛管堵塞，韧皮部破坏，有机物运输受阻，从而破坏植物正常的生活能力，最终导致植物死亡。

431 2,4-滴异辛酯的特点及注意事项有哪些？

选择性苗后茎叶处理触杀型除草剂，防除阔叶杂草。具有较强的内吸传导性。用于苗后茎叶处理，穿过角质层和细胞膜，最后传导到各部分。禾本科对本品的耐药性较大，但在其幼苗、幼芽和幼穗分化期较为敏感。用药过早、过晚或用量大都可能造成药害，因此应严格掌握用药量和用药时期。棉花、大豆、向日葵、甜菜、蔬菜、草药、果树和林木等对本品敏感。

432 2甲4氯的特点及注意事项有哪些？

作用方式和选择性与2,4-滴相同，但其挥发性、作用速度较2,4-滴丁酯慢。在寒地稻区使用比2,4-滴安全。防除三棱草、鸭舌草、泽泻、野慈姑及其他阔叶杂草。禾本科植物幼苗期很敏感，3～4叶期后抗性逐渐增强，分蘖末期最强，到幼穗分化敏感性又上升，因此宜在水稻分蘖末期施药。

433 氨氟乐灵的特点及注意事项有哪些？

又称茄科宁、拔绿。二硝基苯胺类芽前封闭除草剂，通过抑制新萌芽的杂草种子的生长发育来控制敏感杂草。防除草坪上多种禾本科杂草和阔叶杂草。为避免药害，在新植草坪成坪前，请勿使用本品。

434 氨氯吡啶酸的特点及注意事项有哪些？

又称毒莠定。作用于核酸代谢，并且使叶绿体结构及其他细胞器发育畸形，干扰蛋白质合成，最后导致植物死亡。防除一年生和多年生阔叶杂草及木本植物，防除谱广，持效期长。豆类、葡萄、蔬菜、棉花、果树、烟草、向日葵、甜菜、花卉等对氨氯吡啶酸敏感，在轮作倒茬时应考虑残留氨氯吡啶酸对这些作物的影响。

435 胺苯磺隆的特点及注意事项有哪些？

又称金星、油磺隆、莱王星。磺酰脲类除草剂。防除一年生阔叶杂草。通过植物的叶和根吸收，施药后杂草立即停止生长，1～3 周后出现坏死现象。油菜品种对该药的耐药性差异，适用于甘蓝型油菜，白菜型油菜慎用，禁用于芥菜型油菜。油菜秧田 1～2 叶期，茎叶处理有药害，为危险期；4～5 叶期为安全期。该药在土壤中残效期长，不可超量使用，否则会危害后茬作物。对后茬作物为水稻秧田或棉花、玉米、瓜豆等旱作物田的安全性差，禁用。

436 百草枯的特点及注意事项有哪些？

又称克芜踪。速效触杀型灭生性除草剂。对叶绿体层膜破坏力极强，使光合作用和叶绿素合成很快终止，叶片着药后 2～3h 即开始受害变色。百草枯对单子叶、双子叶植物的绿色组织均有很强的破坏作用，但无传导作用，不能穿透栓质化后的树皮，只能使着药部位受害。与土壤接触后，即被吸附钝化。不能损坏植物根部和土壤内潜藏的种子，因而施药后杂草有再生现象。

437 苯磺隆的特点及注意事项有哪些？

又称阔叶净、麦磺隆。磺酰脲类内吸传导型芽后选择性除草剂。茎叶处理后可被杂草的茎叶、根吸收。防除小麦田一年生阔叶杂草。药后 60 天不可种阔叶作物。避免在低温（10℃以下）条件下施药，以免影响药效。

438 苯嗪草酮的特点及注意事项有哪些？

又称苯嗪草、苯甲嗪。三嗪酮类选择性芽前除草剂。主要通过植物根部吸收，再输送到叶子内。通过抑制光合作用的希尔反应而起到杀草作用。防除一年生阔叶杂草。施药后降大雨等不良气候条件下，可能会使作物产生轻微药害，作物在1～2

周内可恢复正常生长。

439 苯噻酰草胺的特点及注意事项有哪些？

又称环草胺。选择性内吸传导型除草剂。主要通过芽鞘和根吸收，经木质部和韧皮部传导至杂草的幼芽和嫩叶，阻止杂草生长点细胞分裂伸长，最终造成植株死亡。对移栽水稻选择性强，而对生长点处在土壤表层的稗草等杂草有较强的阻止生育和杀死能力，并对表层的种子繁殖的多年生杂草也有抑制作用，对深层杂草效果低。防除水稻田的禾本科杂草和异型莎草。

440 苯唑草酮的特点及注意事项有哪些？

又称苞卫。属三酮类苗后茎叶处理除草剂，通过根和幼苗、叶吸收，在植物中向顶、向基传导到分生组织，抑制 4-HPPD，使类胡萝卜素、叶绿素的生物合成受到抑制和功能紊乱，导致发芽的敏感杂草在处理 2～5 天内出现漂白症状，14 天内植株死亡。间套或混种有其他作物的玉米田不能使用本品。幼小和旺盛生长的杂草对苯唑草酮更敏感，低温和干旱的天气，杂草生长变慢，从而影响到杂草对苯唑草酮的吸收，杂草死亡的时间变长。防除一年生禾本科杂草和阔叶杂草。

441 吡草醚的特点及注意事项有哪些？

又称速草灵。触杀性的苗后除草剂，利用小麦及杂草对药吸收和沉积的差异产生不同活性的代谢物，达到选择性地防治小麦地杂草的效果。可有效防治 2～4 叶期杂草，但其效果可能因杂草的生长而有所降低，故应在施药期内施用。防除阔叶杂草。使用本品后，小麦叶片会出现轻微的白色小斑点，但对小麦的生长发育及产量没有影响，对后茬作物棉花、大豆、瓜类、玉米等的安全性较好。

442 吡氟禾草灵的特点及注意事项有哪些？

又称稳杀得、氟吡醚。内吸传导型茎叶处理除草剂，有良好的选择性。对禾本科杂草有很强的杀伤作用，对阔叶作物安全。杂草吸收药剂的部位主要是茎和叶，但施入土壤中的药剂通过根也能被吸收。进入植物体的药剂水解成酸的形态，破坏光合作用和抑制禾本科植物的茎节和根、茎、芽的细胞分裂，阻止其生长。由于它的吸收传导性强，可达地下茎，因此对多年生禾本科杂草也有较好的防除作用。防除一年生禾本科杂草及多年生禾本科杂草。

443 吡氟酰草胺的特点及注意事项有哪些？

抑制类胡萝卜素的生物合成，吸收药剂的杂草植株中类胡萝卜素含量下降，导致叶绿素被破坏，细胞膜破裂，杂草则表现为幼芽脱色或白色，最后整株萎蔫死亡。防除大部分阔叶杂草。本品对水生藻类有毒，清洗喷药器械或弃置废料时，切忌污染水源。

444 吡嘧磺隆的特点及注意事项有哪些？

又称草克星、水星。磺酰脲类选择性水田除草剂。有效成分可在水中迅速扩散，被杂草的根部吸收后传导到植株体内，阻碍氨基酸的合成。迅速地抑制杂草茎叶部的生长和根部的伸展，然后完全枯死，对水稻安全。防除一年生和多年生阔叶草、莎草。阔叶作物对吡嘧磺隆敏感，施药时请勿与阔叶作物接触。

445 吡喃草酮的特点及注意事项有哪些？

又称快捕净。抑制对羟基苯基丙酮酸氧化酶（HPPD）的活性，HPPD可将酪氨酸转化为质体醌。质体醌是八氢番茄红素去饱和酶的辅因子，是类胡萝卜素生物合成的关键酶。油菜抽薹前花芽分化期对吡喃草酮敏感，使用容易造成开花少，不结荚。防除一年生及多年生禾本科杂草。

446 吡唑草胺的特点及注意事项有哪些？

又称吡草胺。属氯乙酰苯胺类芽前低毒除草剂。通过杂草幼芽和根部吸收抑制体内蛋白质的合成，阻止进一步生长。对防除一年生禾本科和部分阔叶杂草效果突出。

447 苄草隆的特点及注意事项有哪些？

又称可灭隆。光合作用电子传递的抑制剂，属于取代脲类除草剂，为细胞分裂、细胞生长抑制剂。防除一年生早熟禾。

448 苄嘧磺隆的特点及注意事项有哪些？

又称农得时、便磺隆、稻无草。选择性内吸传导型除草剂。有效成分可在水中迅速扩散，被杂草根部和叶片吸收转移到杂草各部，阻碍支链氨基酸的生物合成，阻止细胞的分裂和生长。敏感杂草生长机能受阻，幼嫩组织过早发黄，抑制叶部生长，阻碍根部生长而坏死。使用方法灵活，可用毒土、毒砂、喷雾、泼浇等方法。在土壤中的移动性小，温度、土质对其除草效果影响小。防除一年生及多年生阔叶杂草及异型莎草、碎米莎草等莎草科杂草。

449 丙草胺的特点及注意事项有哪些？

又称扫弗特。选择性萌芽前处理剂，可通过植物的下胚轴、中胚轴和胚芽鞘吸收，根部略有吸收，直接干扰杂草体内蛋白质的合成，并对光合及呼吸作用有间接影响。受害杂草幼苗扭曲，初生叶难伸出，叶色变深绿，生长停止，直至死亡。水稻对丙草胺有较强的分解能力，从而具有一定的选择性。防除大部分一年生禾本科杂草、莎草科杂草及部分阔叶杂草。

450 丙嗪嘧磺隆的特点及注意事项有哪些?

乙酰乳酸合成酶（ALS）抑制剂。选择性广谱除草剂，具有残效作用，对耐磺酰脲类除草剂的杂草具有较好的防除效果。防除一年生和多年生杂草，包括稗草、莎草和阔叶杂草。鱼或虾蟹套养稻田禁用，施药后的田水不得直接排入养殖区水中。

451 丙炔噁草酮的特点及注意事项有哪些?

又称稻思达。水旱田两用选择性苗前土壤处理除草剂。施用后，其有效成分可在土壤表层形成药膜，从而将靶标杂草消灭在萌芽状态。水稻田防除稗草、千金子、水绵、小茨藻、异型莎草、碎米莎草、牛毛毡、鸭舌草、节节菜、陌上菜等。

452 丙炔氟草胺的特点及注意事项有哪些?

又称速收、司米梢芽。高效、广谱、触杀型酞酰亚胺类除草剂。杀草谱很广的接触褐变型土壤处理除草剂，在播种后出苗前进行土壤处理。由幼芽和叶片吸收的除草剂，做土壤处理可有效防除一年生阔叶杂草和部分禾本科杂草，在环境中易降解，对后茬作物安全。大豆、花生对其有很好的抗药性。不要过量使用，大豆拱土或出苗期不能施药，柑橘园施药应定向喷雾到杂草上，避免喷施到柑橘树的叶片及嫩枝上。

453 丙酯草醚的特点及注意事项有哪些?

嘧啶类的新型除草剂，由根、芽、茎、叶吸收并在植物体内传导，以根、茎吸收和向上传导为主。具有高效、低毒、对后茬作物安全、环境相容性好、杀草谱较广和成本较低等特点。防除一年生禾本科杂草和部分阔叶杂草。

454 草铵膦的特点及注意事项有哪些?

又称草丁膦。灭生性触杀型除草剂，兼具内吸作用，仅限于叶片基部向叶片顶端传导，是谷氨酰胺合成抑制剂。施药后短时间内，植物体内氨代谢陷于紊乱，细胞毒剂铵离子在植物体内累积，与此同时，光合作用被严重抑制，达到除草目的。防除一年生和多年生杂草。本品对赤眼蜂有风险性，施药期间应避免对周围天敌的影响，天敌放飞区附近禁用。

455 草除灵的特点及注意事项有哪些?

选择性芽后茎叶处理剂。施药后植物通过叶片吸收，输导到整个植物体，作用方式同 2 甲 4 氯丙酸相似，只是药效发挥缓慢，敏感植物受药后生长停滞，叶片僵绿、增厚反卷，新生叶扭曲，节间缩短，最后死亡，与激素类除草剂症状相似。在抗药性植物体内降解成无活性物质，对油菜、麦类、苜蓿等作物安全。气温高作用快，气温低作用慢。在土壤中转化成游离酸并很快降解成无活性物质，对后茬作物无影响。芥菜型油菜对本药剂高度敏感，不能使用。对白菜型油菜有轻度药害，应适当推迟施药期。防除一年生阔叶杂草。

456 草甘膦的特点及注意事项有哪些？

又称农达、镇草宁。内吸传导型广谱灭生性除草剂，主要通过抑制植物体内5-烯醇丙酮酰莽草酸-3-磷酸合酶，导致植物死亡。草甘膦以内吸传导性强而著称，它不仅能通过茎叶传导到地下部分，而且在同一植株的不同分蘖间也能进行传导，对多年生深根杂草的地下组织破坏力很强，能达到一般农业机械无法达到的深度。草甘膦与土壤接触立即失去活性，宜做茎叶处理。草甘膦对金属制成的镀锌容器有腐化作用，易引起火灾。对 40 多科的植物均有防除作用，包括单子叶和双子叶、一年生和多年生、草本和灌木等植物。

457 单嘧磺隆的特点及注意事项有哪些？

又称麦谷宁。新型磺酰脲类除草剂。药剂由植物初生根及幼嫩茎叶吸收，通过抑制乙酰乳酸合成酶，阻止支链氨基酸的合成，导致杂草死亡。具有用量少、毒性低等优点。防除一年生阔叶杂草。后茬严禁种植油菜等十字花科作物，慎种旱稻、苋菜、高粱等作物。

458 单嘧磺酯的特点及注意事项有哪些？

新型内吸、传导型磺酰脲类除草剂品种。单嘧磺酯具有超高效性、微毒、用量少、药效稳定、对环境友好等特点。防除一年生阔叶杂草。后茬严禁种植油菜、棉花、大豆等阔叶作物，慎种旱稻、苋、高粱等作物。

459 敌稗的特点及注意事项有哪些？

又称斯达姆。高选择性触杀型除草剂，在水稻体内被芳基羧基酰胺酶水解成3,4-二氯苯胺和丙酸而解毒，稗草由于缺乏此种解毒机能，细胞膜最先遭到破坏，导致水分代谢失调，很快失水枯死。由于氨基甲酸酯类、有机磷类杀虫剂能抑制水稻体内敌稗解毒酶的活力，因此，水稻在喷敌稗前后 10 天之内不能使用这类农药，更不能与这类农药混合施用，以免水稻发生药害。敌稗与 2,4-滴丁酯混用，即使混入不到 1%的 2,4-滴丁酯也会引起水稻药害。应避免敌稗同液体肥料一起施用。

460 敌草胺的特点及注意事项有哪些？

选择性芽前土壤处理剂，药剂随雨水或灌水淋入土层内，杂草根和芽鞘能吸收药液进入种子，能抑制某些酶类的形成，使根芽不能生长并死亡。敌草胺对芹菜、茴香等有药害，不宜使用。敌草胺对已出土的杂草效果差，故应早施药。对已出土的杂草事先予以清除，若土壤湿度大，利于提高防治效果。防除单子叶杂草及双子叶杂草。

461 敌草快的特点及注意事项有哪些？

又称利农、利收谷。非选择性触杀型除草剂。稍具传导性，可被植物绿色组织迅速吸收。该产品不能穿透成熟的树皮，对地下根茎基本无破坏作用。

462 敌草隆的特点及注意事项有哪些？

又称达有龙、地草净。可被植物的根、叶吸收，以根系吸收为主。杂草根系吸收药剂后，传到地上叶片中，并沿着叶脉向周围传播。抑制光合作用中的希尔反应，该药杀死植物需光照。使受害杂草从叶尖和边缘开始褪色，终至全叶枯萎，不能制造养分，饥饿而死。防除马唐、牛筋草、狗尾草、旱稗、藜、苋、蓼、莎草等杂草。在麦田禁用，在茶、桑、果园宜采用毒土法，以免药害。砂性土壤的用药量应比黏土适当减少，漏水稻田不宜用。对蔬菜、果树、花卉的叶片的杀伤力较大，施药时应防止药液漂移到上述作物上，以免产生药害。桃树对该药敏感，使用时应注意。

463 丁草胺的特点及注意事项有哪些？

又称灭草特。酰胺类选择性芽前除草剂。主要通过杂草幼芽和幼小的次生根吸收，抑制体内蛋白质的合成，使杂草幼株肿大、畸形，色深绿，最终导致死亡。只有少量丁草胺能被稻苗吸收，而且在体内迅速完全分解代谢，因而稻苗有较大的耐药力。防除以种子萌发的禾本科杂草、一年生莎草及部分一年生阔叶杂草。丁草胺在土壤中的稳定性小，对光稳定，能被土壤微生物分解。持效期为30～40天，对下茬作物安全。

464 丁噻隆的特点及注意事项有哪些？

又称特丁噻草隆。防除草本和木本植物的广谱除草剂，属于灭生性脲类除草剂。通过植物的根系吸收，并有叶面触杀作用。施药后3天杂草表现中毒症状，干扰和破坏杂草的光合作用，影响叶绿素的形成，叶片绿色减退，叶尖和叶心相继变黄，植株逐渐干枯死亡，对多种禾本科及阔叶杂草有效。对后茬苗期菠菜、菜心的生长有一定的抑制作用，但后期可恢复。

465 啶磺草胺的特点及注意事项有哪些？

又称甲氧磺草胺。内吸传导型冬小麦苗后除草剂。通过杂草叶片、叶鞘、茎部吸收，并在木质部和韧皮部内传导，在生长点积累，抑制乙酰羟酸合成酶，影响缬氨酸、亮氨酸、异亮氨酸的生物合成，破坏蛋白质，使植物生长受到抑制而死亡。

466 啶嘧磺隆的特点及注意事项有哪些？

又称草坪清。选择性内吸传导型除草剂。杂草根部和叶片吸收转移到杂草各部，阻止细胞的分裂和生长。敏感杂草生长机能受阻，幼嫩组织过早发黄，抑制叶部生长，阻碍根部生长而坏死。防除禾本科杂草、阔叶杂草及莎草科杂草。施药后4～7天杂草逐渐失绿，然后枯死，部分杂草在施药20～40天完全枯死，勿重复施药。高羊茅、黑麦草、早熟禾等冷季型草坪对该药高度敏感，不能使用本剂。

467 毒草胺的特点及注意事项有哪些？

又称扑草胺。毒草胺是一种广谱、低毒、选择性、触杀型的旱地和水田除草剂，苗前及苗后早期施用。通过抑制蛋白质的合成，使根部受抑制变畸形，心叶卷曲而死。防除一年生禾本科杂草和某些阔叶杂草。

468 噁嗪草酮的特点及注意事项有哪些？

内吸传导型水稻田除草剂。除草机理主要是通过杂草的根和茎叶基部吸收，阻碍植株内生GA3激素的形成，使杂草茎叶失绿，生长受抑制，直至枯死。杀草保苗的原理主要是药剂在水稻与杂草中的吸收传导及代谢速度的差异所致。防除稗草、沟繁缕、千金子、异型莎草等多种杂草。对土壤的吸附力极强，漏水田、药后下雨等均不影响药效。

469 噁唑禾草灵的特点及注意事项有哪些？

又称噁唑灵。芳氧苯氧基丙酸类内吸性苗后广谱禾本科杂草除草剂，是脂肪酸合成抑制剂。选择性强、活性高、用量低。抗雨水冲刷，对人、畜、作物安全。防除一年生和多年生禾本科杂草。不能用于大麦、燕麦、玉米、高粱田除草，不能防治一年生早熟禾本科杂草和阔叶杂草。不能与苯达松、百草敌、甲羧除草醚等混用。

470 噁唑酰草胺的特点及注意事项有哪些？

又称韩秋好。芳氧苯氧基丙酸类（AOPP）内吸传导型除草剂，防除一年生禾本科杂草。本品经茎叶吸收，通过维管束传导至生长点，达到除草效果。防除稗草、千金子等多种禾本科杂草。对鱼类等水生生物有毒，远离水产养殖区施药。鱼或虾蟹套养稻田禁用。

471 二甲戊乐灵的特点及注意事项有哪些？

又称除草通、施田补、胺硝草。选择性芽前、芽后旱田土壤处理除草剂。杂草通过正在萌发的幼芽吸收药剂，进入植物体内的药剂与微管蛋白结合，抑制植物细胞的有丝分裂，从而造成杂草死亡。防除一年生禾本科杂草、部分阔叶杂草和莎草。双子叶植物吸收部位为下胚轴，单子叶植物为幼芽，其受害症状是幼芽和次生根被抑制。对鱼及水生生物高毒，禁止在河塘等水体中清洗施药器具。

472 二氯吡啶酸的特点及注意事项有哪些？

又称毕克草。对杂草施药后，由叶片或根部吸收，在植物体中上下移行，迅速传到整个植株，其杀草的作用机制为促进植物核酸的形成，产生过量的核糖核酸，致使根部生长过量，茎及叶生长畸形，养分消耗，维管束输导功能受阻，导致杂草死亡。防除部分阔叶杂草。

473 二氯喹啉酸的特点及注意事项有哪些？

又称快杀稗、杀稗灵、神锄。防治稻田稗草的特效选择性除草剂，对4～7叶期稗草效果突出。该化合物能被萌发的种子、根及叶部吸收，具有激素型除草剂的特点，与生长素类物质的作用症状相似。受害稗草嫩叶出现轻微失绿现象，叶片出现纵向条纹并弯曲。夹心稗受害后叶子失绿变为紫褐色至枯死；水稻的根部能将有效成分分解，因而对水稻安全。二氯喹啉酸对伞形花科作物，如胡萝卜、芹菜和香菜等相当敏感，药液漂移物对相邻田块的这些作物易产生药害。

474 砜嘧磺隆的特点及注意事项有哪些？

又称宝成。通过抑制支链氨基酸的生物合成，从而使细胞分化和植物生长停止。由根、叶吸收，很快传导至分生组织。该药可有效防除玉米田中大多数一年生和多年生杂草，也可用于土豆和番茄田中。严禁将药液直接喷到烟叶上及玉米的喇叭口内。使用本品前后7天内禁止使用有机磷杀虫剂，避免产生药害。甜玉米、爆玉米、黏玉米及制种玉米田不宜使用。

475 氟吡磺隆的特点及注意事项有哪些？

又称韩乐盛。磺酰脲类除草剂。通过植物的根、茎和叶吸收，通过叶片的传输速度比草甘膦快。药害症状包括生长停止、失绿、顶端分生组织死亡，植株在2～3周后死亡。防除一年生阔叶杂草、禾本科杂草和莎草。

476 氟吡甲禾灵的特点及注意事项有哪些？

又称盖草能（酸）。苗后选择性除草剂，具有内吸传导性，茎叶处理后很快被杂草叶吸收输导到整个植株，因抑制茎和根的分生组织而导致杂草死亡。其药效发挥较快，喷洒落入土壤中的药剂易被根吸收，也能起杀草作用。对阔叶草和莎草无效，对阔叶作物安全，药效较长，一次施药基本控制全生育期杂草危害。土壤中降解快，对作物无影响。

477 氟磺胺草醚的特点及注意事项有哪些？

又称虎威、北极星、氟磺草、除豆莠。选择触杀型除草剂。苗前、苗后使用很快被叶部吸收，破坏杂草的光合作用，叶片黄化，迅速枯萎死亡。防除一年生阔叶杂草。喷药后 4～6h 内降雨亦不降低其除草效果。药液在土壤里被根部吸收也能发挥杀草作用，而大豆吸收药剂后能迅速降解。

478 氟乐灵的特点及注意事项有哪些？

又称特福力、氟特力、氟利克。苯胺类芽前除草剂，杂草种子发芽生长穿过土层的过程被吸收。主要被禾本科植物的幼芽和阔叶植物的下胚轴吸收，子叶和幼根也能吸收，但出苗后的茎、叶不能吸收。防除一年生禾本科杂草和部分阔叶杂草。造成植物药害的典型症状是抑制生长，根尖与胚轴组织细胞体积显著膨大。受害后的植物细胞停止分裂，根尖分生组织细胞变小，厚而扁，皮层薄壁组织中的细胞增大，细胞壁变厚。由于细胞中的液胞增大，使细胞丧失极性，产生畸形，呈现"鹅头"状的根茎。氟乐灵施入土壤后，由于挥发、光解、微生物和化学作用而逐渐分解消失，其中挥发和光分解是分解的主要因素。施到土表的氟乐灵最初几小时内的损失最快，潮湿和高温会加快它的分解速度。

479 氟硫草定的特点及注意事项有哪些？

吡啶羧酸类除草剂，是有丝分裂抑制剂。通过茎叶和根吸收，阻断纺锤体微管的形成，造成微管短化，不能形成正常的纺锤丝，使细胞无法进行有丝分裂，造成杂草生长停止、死亡。防除一年生禾本科杂草和一些阔叶杂草。

480 氟烯草酸的特点及注意事项有哪些？

又称利收、阔氟胺。药剂被敏感杂草叶面吸收后，迅速作用于植株组织，引起原卟啉积累，使细胞膜脂质过氧化作用增强，从而导致敏感杂草的细胞结构和细胞功能不可逆损害。只对阔叶杂草有效，与防除禾本科杂草的除草剂混合使用，可降低用量，扩大杀草谱。

481 氟唑磺隆的特点及注意事项有哪些？

又称彪虎、氟酮磺隆、锄宁。磺酰脲类内吸传导选择性除草剂，适用于春小麦田和冬小麦苗后茎叶喷雾，可被杂草的根和茎叶吸收，对春、冬小麦的安全性较好，持效期长。防除野燕麦、雀麦、狗尾草、看麦娘等禾本科杂草及多种阔叶杂草。

482 高效氟吡甲禾灵的特点及注意事项有哪些？

又称精盖草能、高效盖草能。苗后选择性除草剂。茎叶处理后能很快被禾本科类草的叶子吸收，传导至整个植株，抑制植物分生组织而杀死禾草。喷洒落入土壤中的药剂易被根部吸收，也能起杀草作用，在土壤中的半衰期平均为 55 天。防除苗后到分蘖、抽穗初期的一年生、多年生禾本科杂草。与盖草能相比，高效盖草能在结构上以甲基取代盖草能中的乙氧乙基；并由于盖草能结构中丙酸的 α-碳为不对称碳原子，故存在(*R*)-体和(*S*)-体两种光学异构体，其中(*S*)-体没有除草活性，高效盖草能是除去了非活性部分[(*S*)-体]的精制品[(*R*)-体]。同等剂量下，它比盖草能活性高，药效稳定，受低温、雨水等不利环境条件影响少。药后 1h 后降雨对药效影响很小。

483 禾草丹的特点及注意事项有哪些？

又称杀草丹、灭草丹、稻草完。氨基甲酸酯类选择性内吸传导型土壤处理除草剂，可被杂草的根部和幼芽吸收，特别是幼芽吸收后转移到植物体内，对生长点有很强的抑制作用。防除一年生杂草。此类除草剂能迅速被土壤吸附，因而随水分的淋溶性小，一般分布在土层 2cm 处。土壤的吸附作用减少了由蒸发和光解造成的损失。在土壤中的半衰期，通气良好条件下为 2～3 周，厌氧条件下则为 6～8 个月。能被土壤微生物降解，厌氧条件下被土壤微生物形成的脱氯禾草丹，能强烈地抑制水稻生长。

484 禾草敌的特点及注意事项有哪些？

又称禾大壮、禾草特。防除稻田稗草的选择性除草剂，土壤处理兼茎叶处理，施于田中后，由于相对密度大于水，沉降在水与泥的界面，形成高浓度的药层，杂草通过药层时，能迅速被初生根，尤其是被芽鞘吸收，并积累在生长点的分生组织，阻止蛋白质的合成，使增殖的细胞缺乏蛋白质及原生质而形成空腔。禾草特还能抑制 α-淀粉酶的活性，停止或减弱淀粉的水解，使蛋白质合成及细胞分裂失去能量供给，受害的细胞膨大，生长点扭曲而死亡。经过催芽的稻种播于药层之上，稻根向下穿过药层吸收药量少，芽鞘向上生长不通过药层，因而不会受害。防除 1～4 叶期的各种生态型稗草，用药早时对牛毛毡、碎米莎草也有效。

485 禾草灵的特点及注意事项有哪些？

又称伊洛克桑、禾草除。选择性叶面处理剂，有局部内吸作用，传导性差。作用于分生组织，表现为植物激素拮抗剂，破坏细胞膜及叶绿素，抑制光合作用及同化物的运输。防除一年生禾本科杂草。在单双子叶植物间有良好的选择性，如对小麦和野燕麦间的选择性。不宜在玉米、高粱、谷子、棉花田使用。

486 环丙嘧磺隆的特点及注意事项有哪些？

又称金秋。能被杂草根系和叶面吸收，在植株体内传导，其作用机制主要是通过抑制杂草体内乙酰乳酸合成酶（ALS）的活性，从而阻碍支链氨基酸的合成，使细胞停止分裂，最后导致死亡。茎叶处理后，敏感杂草停止生长，叶色褪绿，根据不同的环境条件，经过几个星期后才能使杂草完全枯死。防除一年生和多年生杂草。在高剂量下对稗草有较好的抑制作用，对多年生难防杂草扁杆藨草也有较强的抑制效果。

487 环庚草醚的特点及注意事项有哪些?

又称艾割、恶庚草烷。选择性内吸传导型芽前土壤处理剂，可被敏感植物的根吸收，抑制分生组织的生长。水稻、棉花、花生等对该药的抗药性强，进入作物体内被代谢成羟基衍生物，并与植物体内的糖苷结合成共轭化合物而失去毒性。防除稗草、异型莎草和鸭舌草等杂草。在无水层情况下易被蒸发和光解，并能被土壤微生物分解。有水层情况下，分解速度减慢。

488 环酯草醚的特点及注意事项有哪些?

芽后除草剂，其化学结构与嘧啶羟苯甲酸相近，抑制乙酰乳酸合成酶（ALS）的合成。以根部吸收为主，药剂被吸收后迅速传导到植株其他部位。药后几天即可看到效果，杂草会在10～21天内死亡。防除一年生禾本科杂草、莎草及部分阔叶杂草。

489 磺草酮的特点及注意事项有哪些?

又称玉草施。对羟基苯基丙酮酸双氧化酶（HPPD）抑制剂，杂草通过根吸收传导而起作用，敏感杂草吸收磺草酮后，抑制HPPD的合成，导致酪氨酸的积累，使质体醌和生育酚合成受阻，进而影响到类胡萝卜素的合成，杂草出现白化后死亡。防除阔叶杂草及部分单子叶杂草。施药后玉米叶片可能会出现轻微触杀性药害斑点，属正常情况，一般一周后可恢复生长，不影响玉米生长。

490 甲草胺的特点及注意事项有哪些?

选择性芽前除草剂，可被植物幼芽吸收（单子叶植物为胚芽鞘，双子叶植物为下胚轴)，吸收后向上传导；种子和根也吸收传导，但吸收量较少，传导速度慢。出苗后主要靠根吸收向上传导。如果土壤水分适宜，杂草幼芽期不出土即被杀死。症状为芽鞘紧包生长点，鞘变粗，胚根细而弯曲，无须根，生长点逐渐变褐色至黑色烂掉。如土壤水分少，杂草出土后随着雨、土壤湿度增加，杂草吸收药剂后，禾本科杂草心叶卷曲至整株枯死。阔叶杂草叶皱缩变黄，整株逐渐枯死。防除稗草、马唐、蟋蟀草、狗尾草、马齿苋、轮生粟米草、藜、蓼等一年生禾本科杂草和部分阔叶杂草。高粱、谷子、水稻、小麦、黄瓜、瓜类、胡萝卜、韭菜、菠菜不宜使用甲草胺。

491 甲磺草胺的特点及注意事项有哪些?

通过抑制叶绿素生物合成过程中的原卟啉原氧化酶而破坏细胞膜，使叶片迅速干枯死亡。防除一年生阔叶杂草、禾本科杂草和莎草。

492 甲磺隆的特点及注意事项有哪些?

高效、广谱、具有选择性的内吸传导型麦田除草剂。被杂草根部和叶片吸收后，在植株体内传导很快，可向顶和向基部传导，在数小时内迅速抑制植物根和新梢顶端的生长，3～14天植株枯死。被麦苗吸收进入植株体内，被麦株内的酶转化，迅速降解，所以小麦对本品有较大的耐受能力。防除一年生杂草，如看麦娘、婆婆纳、繁缕、巢菜、荠菜、播娘蒿、藜、蓼、稻槎菜、水花生。本剂的使用量小，在水中的溶解度很大，可被土壤吸附，在土壤中的降解速度很慢，特别是在碱性土壤中，降解更慢。

493 甲基碘磺隆钠盐的特点及注意事项有哪些?

又称使阔得。通过植物的茎叶吸收，经韧皮部和木质部传导，少量通过土壤吸收，抑制敏感植物体内的乙酰乳酸合成酶的活性，导致支链氨基酸的合成受阻，从而抑制细胞分裂，导致敏感植物死亡。防除一年生阔叶杂草。

494 甲基二磺隆的特点及注意事项有哪些?

又称世玛。通过植物的茎叶吸收，经韧皮部和木质部传导，少量通过土壤吸收，抑制敏感植物体内的乙酰乳酸合成酶的活性，导致支链氨基酸的合成受阻，从而抑制细胞分裂，导致敏感植物死亡。一般情况下，施药2～4h后，敏感杂草的吸收量达到高峰，2天后停止生长，4～7天后叶片开始黄化，随后出现枯斑，2～4周后死亡。防除禾本科杂草和部分阔叶杂草。本品中含有的安全剂，能促进其在作物体内迅速分解，而不影响其在靶标杂草体内的降解，从而达到杀死杂草、保护作物的目的。在遭受冻、涝、盐、病害的小麦田中不得使用。小麦拔节或株高达13cm后不得使用本剂。

495 甲基磺草酮的特点及注意事项有哪些?

又称米斯通、硝磺草酮。具有弱酸性，在大多数酸性土壤中，能紧紧吸附在有机物上；在中性或碱性土壤中，以不易被吸收的阴离子形式存在。使用甲基磺草酮3～5天内植物分生组织出现黄化症状，随之引起枯斑，2周后遍及整株植物。防除玉米田阔叶杂草及部分禾本科杂草。

496 甲咪唑烟酸的特点及注意事项有哪些?

又称百垄通、高原、甲基咪草烟。选择性除草剂。通过根、叶吸收，并在木质部和韧皮部内传导，积累于植物分生组织内，阻止乙酰羟酸合成酶的作用，影响缬氨酸、亮氨酸、异亮氨酸的生物合成，破坏蛋白质，使植物生长受到抑制而死亡。本品会引起花生或蔗苗轻微的褪绿或生长暂时受到抑制，但这些现象是暂时的，作物很快恢复正常生长，不会影响作物产量。

497 甲嘧磺隆的特点及注意事项有哪些?

又称森草净、傲杀、嘧磺隆。内吸性除草剂，能抑制植物和根部生长端的细胞分裂，从而阻止植物生长，植物外表呈现显著的红紫色、失绿、坏死、叶脉失色和端芽死亡。用于非耕地一年生、多年生禾本科杂草与阔叶杂草，用于林业除草，不得用于农田除草。该药对门氏黄松、美国黄松等有药害，不能使用。

498 甲羧除草醚的特点及注意事项有哪些？

又称茅毒、治草醚。触杀型芽前土壤处理剂。被植物幼芽吸收，根吸收很少。药剂在体内很难传导，但在植物体内水解成游离酸后易于传导。本药剂需光活化后才能发挥除草作用，对杂草幼芽的毒害作用最强。杂草种子在药层中或药层下发芽时接触药剂，其表皮组织遭到破坏，抑制光合作用。对阔叶杂草的作用比禾本科杂草大。甲羧除草醚的选择性与其在植物体内的吸收、代谢差异有关。播后苗前处理后，药在玉米、大豆中只存在于接触土层的部位，很少传导；但敏感杂草的整个茎、叶和子叶中均有分布。此外，水稻降解甲羧除草醚的速度快，而稗草慢，也是形成选择性的原因之一。

499 甲酰氨基嘧磺隆的特点及注意事项有哪些？

又称康施它。通过植物的茎叶吸收，经韧皮部和木质部传导，少量通过土壤吸收，抑制敏感植物体内的乙酰乳酸合成酶的活性，导致支链氨基酸的合成受阻，从而抑制细胞分裂，导致敏感植物死亡。防除禾本科杂草和阔叶杂草。

500 甲氧咪草烟的特点及注意事项有哪些？

又称金豆。甲氧咪草烟为咪唑啉酮类除草剂品种，通过叶片吸收、传导并积累于分生组织，抑制 AHAS 的活性，导致支链氨基酸——缬氨酸、亮氨酸与异亮氨酸的生物合成停止，干扰 DNA 合成及细胞有丝分裂与植物生长，最终造成植株死亡。防除多种禾本科杂草及阔叶杂草。

501 精吡氟禾草灵的特点及注意事项有哪些？

又称精稳杀得。稳杀得结构中丙酸的 α-碳原子为不对称碳原子，所以有（R）-体和（S）-体结构型两种光学异构体，其中（S）-体没有除草活性。精稳杀得是除去了非活性部分的精制品[即(R)-体]。防除一年生禾本科杂草及多年生禾本科杂草。

502 精噁唑禾草灵的特点及注意事项有哪些？

防除单子叶杂草。通过植物的叶片吸收后输导到叶基、茎、根部，在禾本科植物体内抑制脂肪酸的生物合成，使植物生长点的生长受到阻碍，叶片内叶绿素含量降低，茎、叶组织中游离氨基酸及可溶性糖增加，植物正常的新陈代谢受到破坏，最终导致敏感植物死亡。在阔叶作物或阔叶杂草体内很快被代谢。在土壤中很快被分解，对后茬作物无影响。

503 精喹禾灵的特点及注意事项有哪些?

又称精禾草克、盖草灵。精喹禾灵是在合成禾草克的过程中去除了非活性的光学异构体(L-体)后的精制品。其作用机制、杀草谱与禾草克相似，通过杂草茎叶吸收，在植物体内向上和向下双向传导，积累在顶端及居间分生组织，抑制细胞脂肪酸合成，使杂草坏死。精喹禾灵是高选择性的新型旱田茎叶处理剂，在禾本科杂草和双子叶作物间有高度的选择性，对阔叶作物上的禾本科杂草有很好的防效。防治单子叶杂草。不能用于小麦、玉米、水稻等禾本科作物田。施药后，植株发黄，停止生长，施药后5～7天，嫩叶和节上初生组织变枯，最后植株枯死。

504 精异丙甲草胺的特点及注意事项有哪些?

又称金都尔。一种广谱、低毒除草剂，主要通过植物的幼芽即单子叶植物的胚芽鞘、双子叶植物的下胚轴吸收向上传导，种子和根也吸收传导，但吸收量较少，传导速度慢。出苗后主要靠根吸收向上传导，抑制幼芽与根的生长。敏感杂草在发芽后出土前或刚刚出土即中毒死亡，表现为芽鞘紧包着生长点，稍变粗，胚根细而弯曲，无须根，生长点逐渐变褐色、黑色烂掉。如果土壤墒情好，杂草被杀死在幼苗期；如果土壤水分少，杂草出土后随着降雨土壤湿度增加，杂草吸收异丙甲草胺，禾本科草心叶扭曲、萎缩，其他叶皱缩后整株枯死。阔叶杂草叶皱缩变黄，整株枯死。因此，施药应在杂草发芽前进行。作用机制为通过阻碍蛋白质的合成而抑制细胞生长。防除一年生禾本科杂草、部分双子叶杂草和一年生莎草科杂草。

505 克草胺的特点及注意事项有哪些?

选择性芽前土壤处理除草剂。通过萌发杂草的芽鞘、幼芽吸收而发挥杀草作用。防除稗草、马唐、狗尾草、普通茨、马齿苋、藜等一年生单子叶杂草和部分阔叶杂草。

506 喹禾灵的特点及注意事项有哪些?

又称禾草克。选择性内吸传导型茎叶处理剂。在禾本科杂草与双子叶作物间有高度选择性，茎叶可在几个小时内完成对药剂的吸收作用，向植物体内上部和下部移动。一年生杂草在24h内药剂可传遍全株，主要积累在顶端及居间分生组织中，使其坏死。一年生杂草受药后，2～3天新叶变黄，生长停止，4～7天茎叶呈坏死状，10天内整株枯死；多年生杂草受药后能迅速向地下根茎组织传导，使其节间和生长点受到破坏，失去再生能力。防除单子叶杂草。

507 利谷隆的特点及注意事项有哪些?

光合作用除草剂。防除一年生杂草。具有内吸传导和触杀作用。选择性芽前、芽后除草剂。遇酸、碱、在潮湿土壤中或在高温下都会分解。主要通过杂草的根部吸收，也可被叶片吸收。利谷隆对甜菜、向日葵、黄瓜、甜瓜、南瓜、甘蓝、莴苣、萝卜、茄子、辣椒、烟草等敏感，在这些作物田不能使用，喷药时禁止药液漂移到此作物上。

508 绿麦隆的特点及注意事项有哪些？

防除一年生杂草。通过植物的根系吸收，并有叶面触杀作用，属于植物光合作用电子传递抑制剂。施药后 3 天杂草表现中毒症状，干扰和破坏杂草的光合作用，影响叶绿素的形成，叶片绿色减退，叶尖和叶心相继变黄，植株逐渐干枯死亡，对多种禾本科杂草及阔叶杂草有效。水稻田禁止使用绿麦隆。油菜、蚕豆、豌豆、红花、苜蓿等作物敏感，不能使用。

509 氯氨吡啶酸的特点及注意事项有哪些？

合成激素型除草剂（植物生长调节剂），通过植物叶和根迅速吸收，在敏感植物体内诱导产生偏上性（如刺激细胞伸长和衰老，尤其是在分生组织区表现明显），最终引起植物生长停滞并迅速死亡。防除橐吾、乌头、棘豆属及蓟属等有毒有害阔叶杂草。原则上阔叶杂草出齐后至生长旺盛期均可用药，杂草出齐后，用药越早，效果越好。牛羊取食氯氨吡啶酸处理过的牧草或干草后，氯氨吡啶酸会被牛羊通过粪便排出体外。这些粪便由于含有未降解的氯氨吡啶酸，不可以用于敏感阔叶作物的肥料，否则会产生药害。也不可以收集后用于销售，以防止通过其他途径流入阔叶作物田。应该把牛羊粪便留在牧场上自然降解或者用作禾本科牧草和小麦、玉米等禾本科作物的肥料。

510 氯吡嘧磺隆的特点及注意事项有哪些？

又称草枯星。磺酰脲类除草剂，选择性内吸传导型除草剂。有效成分可在水中迅速扩散，被杂草根部和叶片吸收转移到杂草各个部分，抑制支链氨基酸的生物合成，阻止细胞的分裂和伸长。敏感杂草生长机能受阻，幼嫩组织过早发黄，抑制叶部生长，阻碍根部生长而坏死。防除阔叶杂草及莎草科杂草。

511 氯氟吡氧乙酸的特点及注意事项有哪些？

又称使它隆、氟草定。内吸传导型苗后除草剂。药后很快被植物吸收，使敏感植物出现典型激素类除草剂的反应，植株畸形、扭曲。在抗药性植物如小麦体内，氯氟吡氧乙酸可结合成轭合物失去毒性，从而具有选择性。防除阔叶杂草。温度对其除草的最终效果无影响，但影响其药效发挥的速度。

512 氯磺隆的特点及注意事项有哪些？

又称绿磺隆、嗪磺隆。选择性内吸除草剂，通过叶面和根部吸收并迅速传导到顶端和基部，抑制敏感植物根基部和顶芽细胞的分化和生长，阻碍支链氨基酸的合成，在非敏感植物体内迅速代谢为无活性物质。防除阔叶杂草和部分一年生禾本科杂草。由于该药活性高，对后茬作物大豆、棉花有影响。对甜菜、玉米、油菜、菜豆、豌豆、芹菜、洋葱、棉花、辣椒、胡萝卜、苜蓿作物有药害。该药残留期长，不应在麦套玉米、棉花、烟草等敏感作物田使用。

513 氯嘧磺隆的特点及注意事项有哪些？

又称豆威。选择性芽前、芽后除草剂，可被植物的根、茎、叶吸收，在植物体内进行上下传导，在生长旺盛的分生组织细胞发挥除草作用。防除反枝苋、铁苋菜、马齿苋、鲤肠等阔叶杂草和碎米莎草、香附子等莎草科杂草。具有高活性、广谱、高效、用药量低、对人畜安全等特点。用药后后茬作物不宜种植麦类、高粱、玉米、棉花、水稻、苜蓿。不可直接用于湖泊、溪流和池塘。

514 氯酰草膦的特点及注意事项有哪些？

丙酮酸脱氢酶系抑制剂，选择性激素型除草剂，具有较强的内吸传导性。对禾本科作物安全，对阔叶杂草防效优异。在玉米和土壤中的消解速度快，易降解，在土壤和鲜植株中的半衰期均小于 0.4 天。在收获期玉米籽粒和土壤中的残留量均低于检出极限，对后茬作物无影响。

515 氯酯磺草胺的特点及注意事项有哪些？

选择性磺酰胺类除草剂。通过根、叶吸收，并在木质部和韧皮部内传导，积累于植物分生组织内，阻止乙酰羟酸合成酶的作用，影响缬氨酸、亮氨酸、异亮氨酸的生物合成，破坏蛋白质，使植物生长受到抑制而死亡。防除鸭跖草、红蓼、本氏蓼、苍耳、苘麻、豚草、苣荬菜、刺儿菜等阔叶杂草。

516 咪唑喹啉酸的特点及注意事项有哪些？

又称灭草喹。内吸传导型选择性芽前及早期苗后除草剂。通过根、叶吸收，并在木质部和韧皮部内传导，积累于植物分生组织内，阻止乙酰羟酸合成酶的作用，影响缬氨酸、亮氨酸、异亮氨酸的生物合成，破坏蛋白质，使植物生长受到抑制而死亡。防除阔叶杂草和禾本科杂草。使用本品 3 年内不能种植以下作物，如白菜、油菜、黄瓜、马铃薯、茄子、辣椒、番茄、甜菜、西瓜、高粱、水稻等。

517 咪唑烟酸的特点及注意事项有哪些？

又称灭草烟。灭生性除草剂。通过根、叶吸收，并在木质部和韧皮部内传导，积累于植物分生组织内，阻止乙酰羟酸合成酶的作用，影响缬氨酸、亮氨酸、异亮氨酸的生物合成，破坏蛋白质，使植物生长受到抑制而死亡。防除一年生和多年生禾本科杂草、阔叶杂草、莎草等。

518 咪唑乙烟酸的特点及注意事项有哪些？

又称普杀特、咪草烟、普施特。选择性芽前及早期苗后除草剂。通过根、叶吸收，并在木质部和韧皮部内传导，积累于植物分生组织内，抑制乙酰羟酸合成酶的作用，影响缬氨酸、亮氨酸、异亮氨酸的生物合成，破坏蛋白质，使植物生长受到抑制而死亡。防除一年生杂草。本药施药初期对大豆生长有明显的抑制作用，但能很快恢复。该药在土壤中的残效期较长，对该药敏感的作物如白菜、油菜、黄瓜、马铃薯、茄子、辣椒、番茄、甜菜、西瓜、高粱等均不能在施用咪唑乙烟酸 3 年内种植。

519 醚苯磺隆的特点及注意事项有哪些？

内吸性除草剂，防除一年生阔叶杂草。通过杂草的根、叶吸收，迅速传导到分生组织，抑制侧链氨基酸的生物合成，发挥杀草作用。在小麦播后芽前土壤处理或小麦生长前期茎叶喷雾，而以芽后茎叶喷雾的除草效果更好。

520 醚磺隆的特点及注意事项有哪些？

又称莎多伏、甲醚磺隆。通过根部和茎部吸收，由输导组织传送到分生组织，抑制支链氨基酸（如丝氨酸、异亮氨酸）的生物合成。防除一年生阔叶杂草及莎草科杂草。用药后杂草不会立即死亡，但停止生长，5～10 天后植株开始黄化，枯萎死亡。在水稻体内，水稻能通过脲桥断裂、甲氧基水解、脱氨甲基及苯酚水解后与蔗糖轭合等途径，最后代谢成无毒物，在水稻根中的半衰期小于 1 天，在水稻叶子中的半衰期为 3 天，所以对水稻安全。

521 嘧苯胺磺隆的特点及注意事项有哪些？

又称意莎得、科聚亚。胺磺酰脲类除草剂，不同于磺酰脲类除草剂，通过抑制杂草乙酸乳酸合成酶，造成杂草细胞分裂停止，随后杂草整株枯死。防除大多数一年生和多年生阔叶杂草、莎草及低龄稗草。在南方稻田使用存在一定程度的抑制和失绿，2 周后可恢复。

522 嘧草醚的特点及注意事项有哪些？

又称必利必能。嘧啶类内吸传导选择性除草剂，通过抑制乙酰乳酸合成酶的合成，阻碍支链氨基酸的生物合成，使植物细胞停止分裂直至死亡，持效期可达 45 天。水稻田防除稗草。

523 嘧啶肟草醚的特点及注意事项有哪些？

又称嘧啶草醚。新颖的肟酯类化合物，广谱选择性芽后除草剂，本品通过根叶吸收抑制乙酰乳酸合成酶（ALS）的合成而阻碍支链氨基酸的生物合成，抑制植物分生组织生长，从而杀死杂草。对水稻移栽田、直播田的稗草、一年生莎草及阔叶杂草有较好的防除效果。药剂除草速度较慢，施药后能抑制杂草生长，但在2周后枯死。

524 灭草松的特点及注意事项有哪些？

又称苯达松、噻草平、百草克。触杀型具选择性的苗后除草剂，用于苗期茎叶处理，通过叶片接触而起作用。旱田使用，先通过叶面渗透传导到叶绿体内抑制光合作用。水田使用既能通过叶面渗透又能通过根部吸收传导到茎叶，强烈阻碍杂草光合作用和水分代谢，造成营养饥饿，使生理机能失调而致死。防除恶性莎草科杂草（三棱草）及一年生阔叶杂草。有效成分在耐性作物体内向活性弱的糖轭合物代谢而解毒，对作物安全，施药后6～18周灭草松在土壤中可被微生物分解。

525 哌草丹的特点及注意事项有哪些？

又称优克稗、哌啶酯。植物内源生长素的拮抗剂。内吸传导型稻田选择性除草剂，对防治2叶期以前的稗草有效，对水稻安全。本剂适于水稻秧田、插秧田、水、旱直播田防除稗草及牛毛草，对水田其他杂草无效。施于田中的药剂，大部分分布在土壤表面1cm以内，在土壤中的移动性小，对不同栽培型水稻安全。

526 扑草净的特点及注意事项有哪些？

又称扑蔓尽、割草佳、扑灭通。防除阔叶杂草。选择性内吸传导型除草剂，可从根部吸收，也可从茎叶渗入体内，运输至绿色叶片内抑制光合作用，中毒杂草失绿，逐渐干枯死亡，发挥除草作用，其选择性与植物生态和生化反应的差异有关，对刚萌发的杂草防效最好。扑草净水溶性较低，施药后可被土壤黏粒吸附在0～5cm表土中，形成药层，使杂草萌发出土时接触药剂，持效期20～70天，旱地较水田长，黏土中更长。

527 嗪草酸甲酯的特点及注意事项有哪些？

又称阔草特。通过抑制敏感植物叶绿体合成中的原卟啉原氧化酶，造成原卟啉Ⅸ的积累，导致细胞膜坏死而植株枯死。此类药物作用需要光和氧的存在。只对阔叶草有效，尤其是对苘麻有特效。施药后大豆会产生轻微灼伤斑，一周可恢复正常生长，对大豆产量无不良影响。

528 嗪草酮的特点及注意事项有哪些？

又称赛克。内吸选择性除草剂，有效成分被杂草根系吸收随蒸腾流向上部传导，也可被叶片吸收在体内做有限的传导。主要通过抑制敏感植物的光合作用发挥杀草活性，施药后各敏感杂草萌发出苗不受影响，出苗后叶片褪绿，最后营养枯竭而死。防除一年生阔叶杂草。

529 氰草津的特点及注意事项有哪些?

又称草净津、百得斯。选择性内吸传导型除草剂，被根部、叶部吸收后通过抑制光合作用而使杂草枯萎而死亡。它对玉米安全，药后2～3个月对后茬种植小麦无影响。防除由种子繁殖的一年生杂草，对许多禾本科杂草也有较好的防效。其除草活性与土壤类型密切相关，在土壤中可被土壤微生物分解。温度低、空气湿度大时对玉米不安全。施药后即下中至大雨时玉米易发生药害，尤其是积水的玉米田，药害更为严重，所以在雨前1～2天内施药对玉米不安全。

530 氰氟草酯的特点及注意事项有哪些?

又称千金。芳氧苯氧基丙酸酯类传导型禾本科杂草除草剂。由叶片、茎秆和根系吸收，抑制乙酰辅酶A羧化酶，造成脂肪酸合成受阻，使细胞生长分裂停止、细胞膜含脂结构被破坏，导致杂草死亡。防除千金子、稗草、双穗雀稗等杂草。推荐剂量下使用，对水稻安全。不推荐与阔叶杂草除草剂混用。赤眼蜂等天敌放飞区禁用。

531 炔草酯的特点及注意事项有哪些?

又称麦极。内吸传导型选择性芳氧苯氧基丙酸酯类除草剂，用于苗后茎叶处理的小麦田除草剂。茎叶处理后能很快被禾本科类草的叶子吸收，传导至整个植株，抑制植物分生组织而杀死禾本科杂草。防除野燕麦、看麦娘、硬草、菵草、棒头草等大多数重要的一年生禾本科杂草。具有耐低温，耐雨水冲刷，使用适期宽，且对小麦和后茬作物安全等特点。

532 乳氟禾草灵的特点及注意事项有哪些?

又称克阔乐。选择性苗后茎叶处理除草剂，通过植物茎叶吸收，在体内进行有限的传导，通过破坏细胞膜的完整性而导致细胞内含物的流失，最后使草叶干枯而致死。在充足的光照条件下，施药后2～3天，敏感的阔叶杂草叶片出现灼伤斑，并逐渐扩大，整个叶片变枯，最后全株死亡。防除多种一年生阔叶杂草。使用本品后，大豆茎叶可能出现枯斑或黄化现象，但不影响新叶生长，1～2周后恢复正常，不影响产量。

533 噻吩磺隆的特点及注意事项有哪些?

又称阔叶散、噻磺隆。高活性磺酰脲类除草剂，可以被杂草的根、茎、叶吸收，并迅速传导至生长点，施药后杂草生长很快停滞，4～7天生长点部位即出现黄化、萎缩，根系退化失去吸收肥水能力。视杂草大小不同，一般于施药后7～20天逐渐死亡。该药在土壤中的持效期为40～60天。防除阔叶杂草。

534 三氟啶磺隆钠盐的特点及注意事项有哪些？

磺酰脲类除草剂，可抑制杂草中乙酰乳酸合成酶（ALS）的生物活性，从而杀死杂草。杂草植株在中毒后表现为停止生长、萎黄、顶点分裂组织死亡。根据杂草种类和生长条件的不同，一般在2～4周后完全死亡。防除香附子、马唐、阔叶草等杂草。不能用于甘蔗种苗田，施药时请避免直接喷到甘蔗心叶上。

535 三氟羧草醚的特点及注意事项有哪些？

又称达克尔、达克果。苗后早期处理，被杂草吸收，作用方式为触杀，能促使气孔关闭，借助于光发挥除草活性，增高植物体温度引起坏死，并抑制线粒体电子的传导，以引起呼吸系统和能量生产系统的停滞，抑制细胞分裂，使杂草致死。但进入大豆体内被迅速代谢，因此能选择性地防除阔叶杂草。在普通土壤中不会渗透进入深土层，能被土壤中的微生物和日光降解成二氧化碳。

536 三甲苯草酮的特点及注意事项有哪些？

又称肟草酮。属于环已烯酮类除草剂，作用于乙酰辅酶A羧化酶（ACCase），叶面施药后迅速被植物吸收，在韧皮部转移到生长点，在此抑制新的生长。杂草失去绿色，后变色枯死，一般3～4周内完全枯死。小麦田防除硬草、看麦娘、野燕麦、狗尾草、马唐、稗草等禾本科杂草。

537 三氯吡氧乙酸的特点及注意事项有哪些？

又称绿草定、盖灌能。内吸传导型选择性除草剂，能迅速被叶和根吸收，并在植物体内传导。作用于核酸代谢，使植物产生过量的核酸，使一些组织转变成分生组织，造成叶片、茎和根生长畸形，储藏物质耗尽，维管束组织被栓塞或破裂，植株逐渐死亡。用来防治针叶树幼林地中的阔叶杂草和灌木，在土壤中能迅速被土壤微生物分解，半衰期为46天。

538 杀草胺的特点及注意事项有哪些？

又称杀草丹。选择性萌芽前土壤处理剂，可杀死萌芽前期的杂草。药剂主要通过杂草幼芽吸收，其次是通过根吸收。作用原理是抑制蛋白质的合成，使根部受到强烈抑制而产生瘤状畸形，最后枯死。杀草胺不易挥发，不易光解，在土壤中主要被微生物降解，持效期20天左右。防除一年生禾本科杂草和某些阔叶杂草。杀草胺的除草效果与土壤含水量有关，因此，该药若在旱田使用，适于在地膜覆盖栽培田、有灌溉条件的田块以及夏季作物及南方的旱田应用。

539 杀草隆的特点及注意事项有哪些？

又称莎扑隆。属选择性的土壤处理剂，对莎草科杂草具有特效，对其他骠草基本无效。主要是通过杂草的根部吸收，抑制根部和地下茎的伸长，从而控制地上部分的生长，对已出土的莎草科杂草基本无效。

540 莎稗磷的特点及注意事项有哪些?

又称阿罗津。内吸传导选择性除草剂。药剂主要通过植物的幼芽和茎吸收，抑制细胞分裂与伸长。对正萌发的杂草效果最好，对已长大的杂草效果较差。杂草受害后生长停止，叶片深绿，有时脱色，叶片变短而厚，极易折断，心叶不易抽出，最后整株枯死。对水稻安全，药剂的持效期为30天左右。

541 双丙氨膦的特点及注意事项有哪些?

又称好必思。该产品是一种新型生物广谱除草剂，是 bialaphos 菌种的发酵产物。主要作用机制为抑制植物氮代谢的活动，使植物正常活动发生严重障碍，导致植物枯萎坏死。防除多种一年生及多年生的单子叶和双子叶杂草，以及免耕地、非耕地灭生性除草。它只能从植物的叶部吸收，对树木的根部不会造成危害。在土壤中能迅速分解，不残留，对环境不会造成污染，具有较高的安全性。

542 双草醚的特点及注意事项有哪些?

又称水杨酸双嘧啶、农美利。苯甲酸类选择性除草剂，通过根、叶吸收抑制乙酰乳酸合成酶(ALS)的合成而阻碍支链氨基酸的生物合成，抑制植物分生组织生长，从而杀死杂草。在水稻直播田中使用，除草谱广。防除一年生阔叶杂草。

543 双氟磺草胺的特点及注意事项有哪些?

又称麦喜为、麦施达。双氟磺草胺是三唑并嘧啶磺酰胺类超高效除草剂，是内吸传导型除草剂，可以传导至杂草全株，因而杀草彻底，不会复发。防除一年生禾本科杂草及阔叶杂草。在低温下药效稳定，即使是在2℃时仍能保证稳定的药效，这一点是其他除草剂无法比拟的。

544 四唑嘧磺隆的特点及注意事项有哪些?

又称康宁。磺酰脲类选择性水田除草剂。有效成分可在水中迅速扩散，被杂草的根部吸收后传导到植株体内，阻碍氨基酸的合成。通过杂草的根和叶吸收，在植株体内传导，杂草即停止生长，叶色褪绿，而后枯死。防除阔叶杂草和莎草科杂草。

545 四唑酰草胺的特点及注意事项有哪些?

又称四唑草胺、拜田净。酰胺类选择性芽前除草剂。主要通过杂草幼芽和幼小的次生根吸收，抑制体内蛋白质的合成，使杂草幼株肿大、畸形，色深绿，最终导致死亡。防除稗草、异型莎草和千金子等杂草。

546 甜菜安的特点及注意事项有哪些？

选择内吸性除草剂，通过叶面吸收，光合作用抑制剂。用在甜菜地苗后防除阔叶杂草如苋菜。可与甜菜宁混用。防除阔叶杂草。甜菜安只能通过叶子吸收，正常生长条件下土壤和湿度对其药效无影响，杂草生长期最适宜用药。对甜菜安全。

547 甜菜宁的特点及注意事项有哪些？

又称凯米丰、苯敌草。选择性苗后茎叶处理剂，对甜菜田大多数阔叶杂草有良好的防治效果，对甜菜高度安全，杂草通过茎叶吸收，传导到各部分，其主要作用是阻止合成三磷酸腺苷和还原型烟酰胺腺嘌呤磷酸二苷之前的希尔反应中的电子传递作用，从而使杂草的光合同化作用遭到破坏，甜菜对进入体内的甜菜宁可进行水解代谢，使之转化为无害化合物，从而获得选择性，甜菜宁的药效受土壤类型和湿度的影响较小。

548 五氟磺草胺的特点及注意事项有哪些？

又称稻杰。由杂草叶片、鞘部或根部吸收，传导至分生组织，造成杂草生长停止，黄化，然后死亡。防除稗草（包括稻稗）、一年生阔叶杂草和莎草等杂草。

549 西草净的特点及注意事项有哪些？

又称草净津、百得斯。选择性内吸传导型除草剂。可从根部吸收，也可从茎叶透入体内，运输至绿色叶片内，抑制光合作用的希尔反应，影响糖类的合成和淀粉的积累，发挥除草作用。田间以稗草及阔叶草为主，施药应适当提早，于秧苗返青后施药。但小苗、弱苗秧易产生药害，最好与除稗草剂混用以减低用量。防除恶性杂草眼子菜，对早期稗草、瓜皮草、牛毛草均有显著效果。用药时温度应在30℃以下，超过30℃易产生药害。西草净主要在北方使用。

550 西玛津的特点及注意事项有哪些？

又称西玛嗪、田保净。植物主要通过根系吸收，茎叶也可吸收部分药剂，传导到全株，破坏糖的形成，抑制淀粉的积累。经数日后，叶片枯黄，继而凋谢，全株饥饿而死。防除一年生杂草如马唐、稗草、牛筋草、碎米莎草、野苋菜、苘麻、反枝苋、马齿苋、铁苋菜等。西玛津的残效期长，对某些敏感后茬作物的生长有不良影响，如对小麦、大麦、燕麦、棉花、大豆、水稻、瓜类、油菜、花生、向日葵、十字花科蔬菜等有药害。

551 烯草酮的特点及注意事项有哪些？

又称赛乐特、收乐通。内吸传导型茎叶处理剂，有优良的选择性，对禾本科杂草有很强的杀伤作用，对双子叶作物安全。茎叶处理后经叶迅速吸收，传导到分生组织，在敏感植物中抑制支链脂肪酸和黄酮类化合物的生物合成而起作用，使其细胞分裂遭到破坏，抑制植物分生组织的活性，使植株生长延缓，施药后 1～3 周内植株失绿坏死，随后叶灼伤干枯而死亡，对大多数一年生、多年生禾本科杂草有效。加入表面活性剂、植物油等助剂能显著提高除草活性。不宜用在小麦、大麦、水稻、谷子、玉米、高粱等禾本科作物田。间套或混种有禾本科作物的田块，不能使用本品。

552 烯禾啶的特点及注意事项有哪些？

又称拿捕净。选择性强的内吸传导型茎叶处理剂，能被禾本科杂草的茎叶迅速吸收，并传导到顶端和节间分生组织，使其细胞分裂遭到破坏。由生长点和节间分生组织开始坏死，受药植株 3 天后停止生长，7 天后新叶褪色或出现花青素色，2～3 周全株枯死。本剂在禾本科与双子叶植物间的选择性很高，对阔叶作物安全。烯禾啶的传导性强，在禾木科杂草 2 叶至 2 个分蘖期间均可施药。降雨基本不影响药效。

553 酰嘧磺隆的特点及注意事项有哪些？

又称好事达。磺酰脲类苗后选择性除草剂。在土壤中易被土壤微生物分解，在推荐剂量下，对当茬麦类作物和下茬作物安全。杂草出苗后尽早用药。防除阔叶杂草。

554 烟嘧磺隆的特点及注意事项有哪些？

又称玉农乐、烟磺隆。内吸性除草剂，被叶和根迅速吸收，并通过木质部和韧皮部迅速传导。通过乙酰乳酸合成酶来阻止支链氨基酸的合成。施用后杂草立即停止生长，4～5 天新叶褪色、坏死，并逐步扩展到整个植株，一般条件下处理后20～25天植株死亡。防除多种一年生禾本科杂草、阔叶杂草及莎草科杂草。玉米对该药有较好的抗药性，处理后出现暂时褪绿或轻微的发育迟缓，但一般能迅速恢复而且不减产。甜玉米、爆裂玉米、制种田玉米、自留玉米种子不宜使用。不要和有机磷杀虫剂混用或使用本剂前后 7 天内，不要使用有机磷杀虫剂，以免发生药害。

555 野麦畏的特点及注意事项有哪些？

又称阿畏达、燕麦畏。防除野燕麦类的选择性土壤处理剂。野燕麦在萌发通过土层时，主要由芽鞘或第一片子叶吸收药剂，并在体内传导，生长点部位最为敏感，影响细胞分裂和蛋白质的合成，抑制细胞伸长，芽鞘顶端膨大，鞘顶空心，致使野燕麦不能出土而死亡。而出苗后的野燕麦，由根部吸收药剂，野燕麦吸收药剂中毒后，生长停止，叶片深绿，心叶干枯而死亡；小麦萌发 24h 后便有分解野麦畏的能力，而且随生长发育抗药性逐渐增强，因而小麦有较强的抗药性，野麦畏挥发性强，其蒸气对野燕麦也有毒杀作用，施后要及时混土。在土壤中主要为土壤微生物所分解。

556 野燕枯的特点及注意事项有哪些？

又称燕麦枯。选择性苗后处理剂，主要用于防除野燕麦，作用于植株的生长点，使顶端、节间分生组织中细胞分裂和伸长受到破坏，抑制植株生长。不可与除阔叶草的钠盐或钾盐除草剂及2甲4氯丙酸混用，需要间隔7天。

557 乙草胺的特点及注意事项有哪些？

又称乙基乙草安、禾耐斯、消草安。选择性芽前除草剂。可被植物幼芽吸收，单子叶植物通过芽鞘吸收，双子叶植物通过下胚轴吸收传导，必须在杂草出土前施药，有效成分在植物体内干扰核酸代谢及蛋白质合成，使幼芽、幼根停止生长，如果田间水分适宜，幼芽未出土即被杀死；如果土壤水分少，杂草出土后，随土壤湿度增大，杂草吸收药剂后起作用，禾本科杂草至叶卷曲萎缩，其他叶皱缩，整株枯死。防除一年生禾本科杂草和部分阔叶杂草。黄瓜、水稻、菠菜、小麦、韭菜、谷子、高粱不宜用该药，水稻秧田绝对不能用。

558 乙羧氟草醚的特点及注意事项有哪些？

又称克草特。新型高效二苯醚类苗后除草剂。它被植物吸收后，使原卟啉原氧化酶受抑制，生成对植物细胞具有毒性的四吡咯，积聚而发生作用。它具有作用速度快、活性高、不影响下茬作物等特点。防除藜科、蓼科、苋菜、苍耳、龙葵、马齿苋、鸭跖草、大蓟等多种阔叶杂草。

559 乙氧呋草黄的特点及注意事项有哪些？

又称甜菜宝、灭草呋喃。苯并呋喃类芽前芽后选择性除草剂，通过抑制植物体脂质物质合成，阻碍分生组织生长和细胞分裂，限制蜡质层的形成，从而使杂草死亡。防除部分阔叶杂草及禾本科杂草。

560 乙氧氟草醚的特点及注意事项有哪些？

又称氟硝草醚、果尔、割草醚。二苯醚需光型触杀型除草剂，在有光的情况下发挥杀草作用。主要通过胚芽鞘、中胚轴进入植物体内，经根部吸收较少，并有极微量通过根部向上运输进入叶部。芽前和芽后早期施用效果最好，对种子萌发的杂草除草谱较广，能防除阔叶杂草、莎草及稗，但对多年生杂草只有抑制作用。在水田里，施入水层中后在24h内沉降在土表，水溶性极低，移动性较小，施药后很快吸附于0～3cm表土层中，不易垂直向下移动，3周内被土壤中的微生物分解成二氧化碳，在土壤中的半衰期为30天左右。

561 乙氧磺隆的特点及注意事项有哪些？

又称乙氧嘧磺隆、太阳星。内吸选择性土壤兼茎叶除草剂，在植株体内传导，通过抑制杂草体内乙酰乳酸合成酶（ALS）的活性，从而阻碍亮氨酸、异亮氨酸、缬氨酸等支链氨基酸的合成，使细胞停止分裂，最后导致杂草死亡。防除阔叶杂草及莎草。对水生藻类有毒，应避免其污染地表水、鱼塘和沟渠等，其包装等污染物宜做焚烧处理，禁止它用。

562 异丙甲草胺的特点及注意事项有哪些？

又称都尔、稻乐思。酰胺类选择性芽前大田除草剂，通过幼芽吸收，其中单子叶杂草主要是通过芽鞘吸收，双子叶植物通过幼芽及幼根吸收，向上传导，抑制幼芽与根的生长，敏感杂草在发芽后出土前或刚刚出土即中毒死亡。作用机理主要是抑制发芽种子的蛋白质合成，其次抑制胆碱渗入磷脂，干扰卵磷脂的形成。防除一年生禾本科杂草和部分阔叶杂草。

563 异丙隆的特点及注意事项有哪些？

光合作用电子传递的抑制剂，属于取代脲类选择性苗前、苗后除草剂，旱田除草剂。通过杂草根系和幼叶吸收，输导并积累在叶片中，抑制光合作用，导致杂草死亡。防除硬草、萵草、看麦娘、日本看麦娘、牛繁缕、碎米荠、稻槎菜等杂草及部分阔叶杂草。

564 异丙酯草醚的特点及注意事项有哪些？

防除一年生杂草，如看麦娘、繁缕等。由根、芽、茎、叶吸收并在植物体内传导，以根、茎吸收和向上传导为主。

565 异噁草松的特点及注意事项有哪些？

又称广灭灵。防除一年生禾本科杂草及部分阔叶杂草。选择性芽前除草剂，被吸收后可控制敏感植物叶绿素的生物合成，使植物在短期内死亡。大豆具特异代谢作用，使其变为无杀草作用的代谢物而具有选择性。在水稻、油菜田使用，作物叶片可能出现白化现象，在推荐剂量下使用不影响后期生长和产量。对白菜型油菜和芥菜型油菜敏感，禁止使用。

566 异噁唑草酮的特点及注意事项有哪些？

又称百农思。对羟基苯基丙酮酸双氧化酶（HPPD）抑制剂。通过抑制对羟基苯基丙酮酸双氧化酶的合成，导致酪氨酸的积累，使质体醌和生育酚的生物合成受阻，进而影响到胡萝卜素的生物合成，因此，HPPD抑制剂与类胡萝卜素生物抑制剂的作用症状相似。其作用特点是具有广谱的除草活性，苗前和苗后均可使用，杂草出现白化后死亡。虽其症状与类胡萝卜素生物抑制剂的作用症状极相似，但其化学结构特点如极性和电离度与已知的类胡萝卜素生物抑制剂等有明显的不同。防除一年生杂草。

567 莠灭净的特点及注意事项有哪些？

又称阿灭净。选择性内吸传导型除草剂。杀草作用迅速，是一种典型的光合作用抑制剂。通过对光合作用电子传递的抑制，导致叶片内亚硝酸盐积累，致使植物受害至死亡；其选择性与植物生态和生化反应的差异有关，对刚萌发的杂草防效最好。防除一年生杂草。高剂量可防治某些多年生杂草，还可以防除水生杂草。可被0～5cm土壤吸附，形成药层，使杂草萌发出土时接触药剂，莠灭净在低浓度下，能促进植物生长，即刺激幼芽与根的生长，促进叶面积增大，茎加粗等；在高浓度下，则对植物产生强烈的抑制作用。豆类、麦类、棉花、花生、水稻、瓜类及浅根系树木易发生药害，间种这类作物的田块禁用。

568 莠去津的特点及注意事项有哪些？

又称阿特拉津、莠去尽、阿特拉嗪。选择性内吸传导型苗前、苗后除草剂。根吸收为主，茎叶吸收很少，迅速传导到植物分生组织及叶部，干扰光合作用，使杂草致死。防除由种子繁殖的一年生杂草，对许多禾本科杂草也有较好的防效。杀草作用和选择性同西玛津，易被雨水淋洗至较深层，致使对某些深根性杂草有抑制作用。在土壤中可被微生物分解，残效期受用药剂量、土壤质地等因素影响，可长达半年左右。蔬菜、大豆、桃树、小麦、水稻等对莠去津敏感，不宜使用。有机质含量超过6%的土壤，不宜做土壤处理，以茎叶处理为好。果园使用莠去津，对桃树不安全，因桃树对莠去津敏感，表现为叶黄、缺绿、落果、严重减产，一般不宜使用。

569 仲丁灵的特点及注意事项有哪些？

又称丁乐灵、地乐胺、双丁乐灵、止芽素。选择性萌芽前除草剂。其作用与氟乐灵相似，药剂进入植物体内后，主要抑制分生组织的细胞分裂，从而抑制杂草幼芽及幼根的生长，导致杂草死亡。防除一年生禾本科杂草。

570 唑嘧磺草胺的特点及注意事项有哪些？

又称阔草清。乙酰乳酸合成酶（ALS）抑制剂，对烟草离体ALS的I_{50}值为0.02mg/kg。无论茎叶或土壤处理，对大多数阔叶杂草、禾本科杂草及莎草科杂草均有高度活性，土壤处理的杀草谱更广。用于芽前表面处理或播前土壤混拌除草剂，能防除大豆、玉米等阔叶杂草，对禾本科和莎杂草科草效果较差。

第六章 植物生长调节剂知识

571 什么是植物激素？

又称内源激素或天然激素，是植物体内自行产生的一种具有生理活性的有机化合物。它可由产生的部位或组织运送到其他器官。这类物质在植物体内含量极微，但作用很大，是植物生命活动不可缺少的物质。

572 什么是植物生长调节剂？

人工合成的具有植物激素活性的能调节植物生长发育的物质。

573 植物生长调节剂的作用类别有哪些？

（1）生长促进剂。为人工合成的类似生长素、赤霉素、细胞分裂素类物质。能促进细胞分裂和伸长，新器官的分化和形成，防止果实脱落。它们包括2,4-D、吲哚乙酸、吲哚丁酸、萘乙酸、2，4，5-涕、甲萘威（西维因）、增产灵、赤霉素（GA3）、激动素、6-BA、PBA、玉米素等。

（2）生长延缓剂。为抑制茎顶端下部区域的细胞分裂和伸长生长，使生长速率减慢的化合物。导致植物体节间缩短，诱导矮化，促进开花，但对叶子大小、叶片数目、节的数目和顶端优势相对没有影响。生长延缓剂主要起阻止赤霉素生物合成的作用。这些物质包括矮壮素（CCC）、丁酰肼（比久）、氯化膦-D（福斯方-D）、助壮素（调节安）等。

（3）生长抑制剂。与生长延缓剂不同，主要抑制顶端分生组织中的细胞分裂，造成顶端优势丧失，使侧枝增加，叶片缩小。它不能被赤霉素所逆转。这类物质有抑芽丹（MH）、二凯古拉酸、三碘苯甲酸（TIBA）、氯甲丹（整形素）、增甘膦等。

（4）乙烯释放剂。人工合成的释放乙烯的化合物，可催促果实成熟。乙烯利是最为广泛应用的一种。乙烯利在pH值为4以下是稳定的，当植物体内pH值达5～6时，它慢慢降解，释放出乙烯气体。

（5）脱叶剂。脱叶剂可引起乙烯的释放，使叶片衰老脱落。其主要物质有三丁三硫代丁酸酯、氰氨钙、草多索、氨基三唑等。脱叶剂常为除草剂。

（6）干燥剂。干燥剂通过受损的细胞壁使水分急剧丧失，促成细胞死亡。它在本质上是接触型除草剂。主要有百草枯、杀草丹、草多索、五氯苯酚等。

574 植物生长调节剂有哪几种施用方法?

（1）浸蘸法。对种子、块根、块茎或叶片的基部进行浸渍处理的一种施药方法。高浓度时，浸至数秒钟即可取出。低浓度时浸至数小时。

（2）喷洒法。用喷雾器将生长调节剂稀释液喷洒到植物叶面或全株上，是生产上最常用的一种施药方法。

（3）土壤浇施。把调节剂按一定的浓度及用量浇到土壤中，以便根系吸收而起作用的一种施药方法。如小麦田用矮壮素（CCC）与灌溉水同时使用。

（4）涂布法。用毛笔或其他用具把药涂在待处理的植物器官或特定部位。这种方法对易引起药害的调节剂可以避免药害并可以显著降低用药量。如用2,4-滴防止番茄落花时，因其易引起嫩芽和嫩叶的变形，于是只把药用在花上。用高浓度的乙烯利对采收前的柑橘、番茄果实进行催熟时，就用这种方法。

575 影响植物生长调节剂作用的因素是什么?

（1）环境条件。①温度：一定温度范围内，随着温度的升高，效果增加，叶面角质层通透性增加，加快叶片吸收，同时，叶面的蒸腾作用和光合作用较强，水分和同化产物运转较快，有利于传导，夏季比春、秋季效果好。②湿度：湿度高，有利于叶片吸收，增加效果。③光照：光照下气孔开放，有利于吸收，加速蒸腾与光合作用，有利于发挥药效，但光照太强，药液易干燥，不利于叶面吸收，避免中午喷洒，此外，风、雨不利于发挥效果。

（2）栽培措施。植物生长调节剂发挥作用必须有水、肥、光、湿度等作为其物质基础，如果水、肥供应不足，则后劲不足，早衰，达不到预期效果。

（3）植物生长发育状况。一般而言，植株健壮，效果好，长势瘦弱、效果差。

（4）使用时期。适宜时期用药，效果好，反之则差，例：乙烯利催熟棉花，一般在棉铃的铃龄在4～5天以上时用，过早，催熟过快，铃重轻，幼铃脱落，过迟则无意义。果树用NAA，疏果、疏花后使用，保果剂在果实膨大期使用，黄瓜用乙烯利诱导雌花形成，在幼苗1～3叶期喷施，过迟，性别已决定，达不到效果。

（5）使用浓度。使用浓度受多种因素影响，一般浓度过低、无效果，浓度高，破坏生理活动，引起伤害。

（6）使用方法。不同药剂、作物，不同目的采用不同的施药方法。

576 使用植物生长调节剂有哪些注意事项?

（1）掌握正确的使用浓度、使用方法、使用部位等。如使用乙烯利可促进主蔓早开雌花，但使用的时期必须是4～6片真叶期，提早使用容易发生药害；茄果类蔬菜使用2,4-滴很容易产生药害，防止方法是掌握使用浓度，并应根据使用时植株的生长势、温度等做适当调整。

（2）要先试验确定最适使用浓度，再大面积推广。植物生长调节剂的应用效果与使用浓度密切相关。如果浓度过低，不能产生应有的效果；浓度过高，会破坏植物正常的生理活动，甚至伤害植物。

（3）注意使用时的气候条件。目前使用方法大多为叶面喷洒，植物可通过气孔吸收药液。温度过低，叶面吸收缓慢；温度过高，药液水分易蒸发，易造成过量未被吸收的药剂沉淀在叶表面，对组织有害。在干旱气候条件下施用，施药浓度应降低；反之，在雨水充足的季节里施用，应适当加大浓度。施药时间应掌握在上午10点以前、下午4点以后，在大风天气和即将降雨时不宜施药，施药后4h遇雨要酌情补施半量或全量药液。如浇灌土壤，不要浇水太多，以免药剂从盆底流失，影响药效。

（4）使用部位及方法要正确。施用植物生长调节剂时，要根据施用目的和药效原理确定处理部位。如2,4-滴防止落花落果，就要把药剂涂在花朵上，抑制离层的形成，如果用2,4-滴处理幼叶，就会造成伤害。

（5）不要随意混用。几种植物生长调节剂混用或与其他农药、化肥混用，必须在充分了解混用农药之间的增强或抵抗作用的基础上决定是否可行，不要随意混用。

577 矮壮素的特点及功效是什么？

矮壮素属植物生长延缓剂，主要抑制植株体内赤霉素的生物合成，可抑制植物细胞伸长而不影响细胞分裂，最终使植物矮化，茎秆粗壮，叶色变深，叶片增厚。具有控制植株营养生长，抗倒伏，增强光合作用，提高抗逆性，改善品质，提高产量等作用。当植株长势弱，生长环境肥力差时，请勿使用，以免造成药害。

578 胺鲜酯的特点及功效是什么？

胺鲜酯是一种新型植物生长调节剂，主要通过调节植物体内的内源激素含量，提高植株中叶绿素、蛋白质和核酸的含量；增强植株光合速率，提高过氧化物酶及硝酸还原酶的活力；提高植株碳、氮的代谢，增强植株对水、肥的吸收；调节植株体内部水分的平衡，从而提高植株抗旱、抗寒的能力。

579 6-苄氨基腺嘌呤的特点及功效是什么？

6-苄氨基腺嘌呤具有较高的细胞分裂活性，可经由植物的种子、根、嫩枝和叶片吸收后，进入植物体内。具有促进细胞分裂、细胞增大增长、诱导种子发芽和休眠芽产生等功能；可抑制植物核酸和蛋白质的分解，延缓组织衰老；具有打破顶端优势，促进侧芽萌发，提高坐果率、增产等效果。苄氨基腺嘌呤当用于保花保果和提高单果重时，可与赤霉素混用，两者具有较好的增效作用。苄氨基腺嘌呤在植物体内的传导性差，单做叶面处理效果欠佳，使用时需注意。

580 赤霉素的特点及功效是什么？

促进植株茎干伸长和诱导长日植物在短日条件下抽薹开花的生理效应。可刺激植物细胞生长，使植株长高，叶片增大；除此之外，赤霉素还能打破种子、块茎和块根的休眠，促使其萌发；能刺激植株果实生长，提高结实率或形成无籽果实。同时，赤霉素还是多效唑、矮壮素等多种生长延缓剂的拮抗剂。

581 丁酰肼的特点及功效是什么？

又称比久，为植物生长延缓剂，可以被植物的根、茎、叶吸收，进入体内后主要集中于顶端及亚顶端分生组织，影响细胞分裂素和生长素的活性，从而抑制细胞分裂和纵向生长，使植物矮化粗壮，但不影响开花和结果，使植物的抗寒、抗旱能力增强。另外，还有促进次年花芽形成，防止落花、落果，促进果实着色及延长储藏期等作用。

582 多效唑的特点及功效是什么？

多效唑属于三唑类植物生长延缓剂，主要通过作物根系吸收，能抑制植物体内赤霉素的合成，也可抑制吲哚乙酸氧化酶的活性，降低吲哚乙酸的生物合成，增加乙烯释放量，延缓植物细胞的分裂和伸长，可使节间缩短、茎秆粗壮，使植株矮化紧凑；还可促进花芽形成，保花保果，对植株病害也有一定的预防作用。多效唑在土壤中的残留时间较长，田块收获后必须翻耕，以免对下茬作物有抑制作用。

583 氟节胺的特点及功效是什么？

氟节胺为接触兼局部内吸型的高效烟草侧芽抑制剂，主要用于抑制烟草腋芽发生。作用迅速，吸收快，施药后只要 2h 无雨即可完全吸收，雨季中施药方便。药剂对完全伸展的烟叶不产生药害，对预防烟草花叶病有一定的作用效果。

584 复硝酚钠的特点及功效是什么？

复硝酚钠属于广谱性植物生长调节剂，可在植物播种到收获期间的任何时期使用，具有高效、低毒、无残留、适用范围广、无不良反应、使用浓度范围宽等优点。一般农作物均可使用，施用后与植物接触能迅速渗透到植物体内，促进细胞原生质的流动，提高细胞活力。能加快植株生长速度，打破种子休眠，促进生长发育，防止落花落果、裂果、缩果等，改善产品品质，提高产量，提高作物的抗性等。除此之外，复硝酚钠还可消除吲哚乙酸形成的顶端优势，以利于腋芽生长。复硝酚钠若使用浓度过高，会对作物幼芽及生长产生抑制作用，使用时需注意控制浓度。若需在球茎类叶菜和烟草上使用时，应在结球前和收烟叶前 1 个月停止使用。

585 甲基环丙烯的特点及功效是什么？

甲基环丙烯是一种有效的控制乙烯产生和阻碍乙烯作用的抑制剂。生产中，施用后，1-甲基环丙烯可以很好地与乙烯受体结合，从而有效地阻碍了乙烯与其受体的正常结合，致使乙烯作用信号的传导和表达受阻，延长了果蔬成熟衰老的过程。

586 甲哌鎓的特点及功效是什么？

又称助壮素，为内吸性植物生长延缓剂，可被植物绿色部位吸收并传导至全株。具有抑制植物细胞伸长和植物体内赤霉素生物合成的作用。可通过植物叶片和根部吸收，最终传导至全株。甲哌鎓能延缓植株营养体生长，使植株节间缩短、粗壮，增加抗逆能力，具有增加叶绿素含量和提高叶片同化作用的能力，使植物提前开花，提高坐果率（结实率），导致增产。

587 抗倒酯的特点及功效是什么？

抗倒酯为植物生长延缓剂，主要为赤霉素生物合成的抑制剂，主要通过抑制植物体内赤霉素的生物合成来调节植物生长。具有抑制作物旺长、防止倒伏的作用。将其施于叶部，可输导到生长的枝条上，抑制作物旺长，缩短节间长度。

588 抗坏血酸的特点及功效是什么？

抗坏血酸在植物体内可参与电子传递系统中的氧化还原作用，能促进植物的新陈代谢；也有捕捉植物体内自由基的作用，还可以提高番茄抗灰霉病的能力。抗坏血酸易溶于水，且水溶液接触空气后很快氧化为脱氢抗坏血酸，所以生产中应现配现用。

589 氯苯胺灵的特点及功效是什么？

氯苯胺灵使用后可被禾本科植物的芽鞘、根部和叶子吸收，也可被马铃薯表皮或芽眼吸收，能强烈抑制植物 β-淀粉酶的活性，具有抑制植物 RNA、蛋白质合成，干扰氧化磷酸化和光合作用，破坏细胞分裂的作用。作为植物生长调节剂，可显著抑制储存时的发芽能力，也可用于疏花、疏果，同时也是一种高度选择性苗前苗后早期除草剂。氯苯胺灵对马铃薯芽具有抑制作用，所以不能用于马铃薯大田的种薯。

590 氯吡脲的特点及功效是什么？

氯吡脲是一种新型高效植物生长调节剂，对植物细胞分裂、组织器官的横向生长和纵向生长以及果实膨大具有明显的促进作用；可延缓叶片衰老，加强叶绿素合成，提高光合作用，促使叶色加深变绿；在植物生长过程中能打破顶端优势，促进侧芽萌发；氯吡脲还可诱导植物芽的分化，促进侧枝生成，增加枝数，增多花数，提高花粉受孕性；除此之外，还可改善作物品质，提高商品性，诱导单性结实，刺激子房膨大，防止落花落果，促进蛋白质合成，提高含糖量等。生产中使用浓度不能随意加大，否则容易导致果实出现味苦、空心、畸形等现象。在甜瓜、西瓜上需慎用，以免影响果实的品质。

591 氯化胆碱的特点及功效是什么?

氯化胆碱可经由植物的茎、叶、根吸收，然后较快地传导到靶标位点，其生理作用可抑制 C_3 植物的光呼吸，促进根系发育，可使光合产物尽可能多地累积到块茎、块根中去，从而增加产量、改善品质。

592 萘乙酸的特点及功效是什么?

萘乙酸为生长素类广谱性植物生长调节剂，除具有一般生长素的基本作用外，还具有类似吲哚乙酸的作用特点和生理功效，且不会被吲哚乙酸氧化酶降解，使用后不易产生药害。它主要促进细胞分裂与扩大，诱导形成不定根，增加坐果，防止落果，改变雌、雄花比率等，可经植株叶片、树枝的嫩表皮、种子及根系进入到植株体内，随营养流输导到各个作用位点。早熟苹果品种使用疏花、疏果易产生药害，不宜使用。

593 羟烯腺嘌呤的特点及功效是什么?

羟烯腺嘌呤属于细胞分裂素类，广泛存在于植物的种子、根、茎、叶、幼嫩分生组织及发育的果实中。主要由植物根尖分泌传导至其他部位。具有刺激细胞分裂，促进叶绿素形成，加速植物新陈代谢和蛋白质合成的作用。可促使作物早熟丰产，促进花芽分化和形成，防止早衰及果实脱落，提高植物抗病、抗衰老、抗寒能力。

594 噻苯隆的特点及功效是什么?

噻苯隆为具有激动素作用的植物生长调节剂，在低浓度下能诱导植物愈伤组织分化出芽来。使用后可促进坐果和延缓叶片衰老。在棉花上使用后被棉株叶片吸收，可及早促使叶柄与茎之间的分离组织自然形成，从而加速棉花落叶，有利于机械采收棉花，并可使棉花收获期提前 10 天左右，有助于提高棉花品级。

595 噻节因的特点及功效是什么?

噻节因能干扰植物蛋白的合成，对蛋白质转移的作用比放线酮的活性高 10 倍。噻节因在生产中主要作为脱叶剂和干燥剂使用，可使棉花、苗木、橡胶树和葡萄树脱叶，加速植株自然衰老过程，促进早熟。

596 三十烷醇的特点及功效是什么？

三十烷醇可被植株茎叶吸收，具有增加植物体内多酚氧化酶酶活的作用。使用后可影响植株生长、分化和发育，主要表现为促使生根、发芽、茎叶生长和早熟；增强植株光合强度，提高叶绿素含量，增加干物质的积累；促进作物吸收矿物质元素，提高蛋白质和糖分含量，改善产品品质；还具有促进农作物长根、生叶和花芽分化，增加分蘖和促进早熟，保花保果，提高结实率和促进农作物吸水，减少蒸发，增加作物抗旱能力等作用。

597 调环酸钙的特点及功效是什么？

调环酸钙为赤霉素生物合成抑制剂，使用后可降低赤霉素含量，具有促进植株生长发育、减轻倒伏、促进侧芽生长和发根作用。使用后可使茎叶保持浓绿，控制开花时间，提高坐果率，促进果实成熟。除此之外，调环酸钙还可增强植物抗性。

598 烯效唑的特点及功效是什么？

烯效唑属三唑类广谱高效植物生长延缓剂，兼有杀菌、除草的作用，是赤霉素合成抑制剂。具有控制营养生长，抑制细胞伸长、缩短节间、矮化植株，促进侧芽生长和花芽形成，增加抗逆性的作用。使用后可通过植物的种子、根、芽和叶吸收，并在器官间相互运转，但叶吸收向外运转较少，向顶性明显。

599 乙烯利的特点及功效是什么？

乙烯利为促进果实成熟和植株衰老的植物生长调节剂，该物质在 pH 值＜3.5 的酸性介质中十分稳定，而 pH 值＞4 时，则分解释放出乙烯。由于一般植物细胞液的 pH 值多大于 4，乙烯利使用后经植物的叶片、皮层、果实或种子吸收进入植物体内，然后传导到起作用部位，便释放出乙烯，从而产生与内源激素乙烯所起的相同生理功能，如：促进果实成熟，叶片、果实的脱落，矮化植株，改变雌雄花的比率，诱导某些作物雄性不育等。

600 抑芽丹的特点及功效是什么？

抑芽丹可从植物根部或叶面吸入，由木质部和韧皮部传导至植株体内，通过阻止细胞分裂，从而抑制植物生长。抑制顶端优势和植株顶部旺长，抑制腋芽、侧芽和块茎块根的芽萌发和生长。抑制效果与使用剂量和作物生长阶段有关。可用于马铃薯等在储藏期防止发芽变质；可用于棉花、玉米杀雄；对山桃、女贞等可起到打尖修剪作用；对烟叶抑制侧芽。

601 吲哚丁酸的特点及功效是什么？

吲哚丁酸属于植物内源生长素类调节剂，可促进细胞分裂、伸长和扩大，诱导不定根形成，增加坐果率，防止落果，改变雌雄花比率等；使用后，可经植物各个组织器官吸收，但不易在植株体内传导，生产中主要采用浸液方式用于促进扦插生根或植株调节营养生长；吲哚丁酸低浓度可与赤霉素、激动素协同促进植物的生长发育；高浓度则诱导内源乙烯的生成，促进植物组织或器官的成熟和衰老。生产中若对植物插条进行处理时，应注意避免插条幼嫩叶片和心叶接触药液，否则易产生药害。

602 吲熟酯的特点及功效是什么？

吲熟酯为吲哚类化合物，可经过植物的茎和叶吸收进入植物体内，在植物体内代谢后由酯变为酸而起生理作用。并在植物体内诱导产生内源乙烯，生成隔离层而使幼果脱落，还能提高植物的矿物质和水的代谢功能，控制营养生长，促进生殖生长，早熟增糖，提高果实质量。气温超过 30℃或雨季、湿度过大时使用吲熟酯容易引起植株落果，所以在不利环境中不宜使用。

603 诱抗素的特点及功效是什么？

诱抗素是植物的“抗逆诱导因子”，可诱导植物产生对不良生长环境的抗性，其中在土壤干旱胁迫时，诱抗素可启动叶片细胞质膜上的信号传导，诱导叶面气孔不均匀关闭，减少植物体内水分蒸腾过快，提高植物抗旱能力；在寒冷胁迫下，可启动植物细胞抗冷基因的表达，诱导植物产生抗旱能力；在某些病虫害的危害下，诱导植物叶片细胞 Pin 基因活化，产生蛋白酶抑制物，阻碍病虫害的进一步危害。

604 芸薹素内酯的特点及功效是什么？

芸薹素内酯属植物内源激素，低浓度时，具有使植物细胞分裂和细胞延长的双重作用，可明显增加植物的营养生长和生殖生长，使用后既有利于提高植株受精作用，又可促进植株根系发达，增强光合作用，促进作物对肥料的有效吸收，还能提高作物抗旱、抗盐、抗病及抗冻害能力，增加营养体收获量，提高坐果率，促进果实肥大，提高结实率，增加干重。同时还能降低某些农药对作物所产生的轻微药害。

605 增产胺的特点及功效是什么？

增产胺对人畜无任何毒害作用，不会在自然界中残留，可用于各种经济作物和粮食作物及作物生长发育的整个生命周期，且使用浓度范围较宽，可以明显提高药效和肥效。使用后增产胺可通过植物的茎和叶吸收，在植物中直接作用于细胞核，增强酶的活性并导致植物的浆液、油以及类脂肪的含量增加，使作物增产增收。增产胺还能显著地增强植物的光合作用，使用后叶片明显变绿、变厚、变大。增加对 CO_2 的吸收和利用，增加蛋白质、脂质等物质的积累储存，促进细胞分裂和生长，从而增强植株对水肥的吸收和干物质的积累，调节体内水分平衡，增强作物的抗病、抗旱、抗寒能力，提高作物的产量和品质。

606 增产灵的特点及功效是什么？

增产灵为苯氧类植物生长调节剂，使用后，增产灵能调节植物体内的营养从营养器官转移到生殖器官，加速细胞分裂，促进作物生长，缩短发育周期，促进开花、结实，还有保花保果作用。若在作物的花期使用，宜在下午进行，以免药液喷施在花蕊上影响授粉。

607 复硝酚钠与 α -萘乙酸钠的复配功效是什么？

2.85%水剂(1.8∶1.05)，是一种广谱性植物生长调节剂，具有速效性，保花保果性能优良。

608 赤霉素与 6-苄氨基腺嘌呤的复配功效是什么？

它可经由植物的茎、叶、花吸收，再传导到分生组织活跃的部位，促进坐果，促进苹果五棱突起，并有增重效果。一般是盛花期对花喷一次，隔 15～20 天再对幼果喷一次。此外，还可在猕猴桃、葡萄、香蕉等果树上应用。

609 氯化胆碱与萘乙酸的复配功效是什么？

主要应用于马铃薯、甘薯、萝卜、洋葱、人参等块根块茎类作物。通过抑制 C_3 植物的光呼吸，提高光合作用效率、促进有机质的运输，并将光合产物尽可能输送到块根块茎中去，增加块根块茎的产量。

610 赤霉素(GA_3)与类生长素的复配功效是什么？

类生长素如 α-萘乙酸、2,4-滴、对氯苯氧乙酸、β-萘氧乙酸等，在番茄、芒果、菠萝、香蕉等作物上应用时，在提高坐果率的同时也产生一定数量的空洞果，若配合赤霉素使用，则大大减少了空洞果的比例，明显提高品质。

611 复硝酚钠与多效唑的复配功效是什么？

用于果树的控梢和膨大果实，是果树专用植物生长调节剂。

612 胺鲜酯与延缓剂的复配功效是什么？

一般延缓剂为矮壮素、缩节胺、氯化胆碱、多效唑或烯效唑的一种或一种以上，为促控型坐果剂，可在番茄、葡萄、果树、块根块茎类作物上使用，其使用浓度范围在 5～15mg/kg，延缓剂根据种类不同，使用量的差别也较大。使用时期一般控制在营养生长与生殖生长交替期，以抑制营养生长，促进生殖生长而促进坐果，增加产量。

613 矮壮素与对氯苯氧乙酸的复配功效是什么？

应用对象是番茄。在营养生长与生殖生长交替时期（开花前 3 天左右），用矮壮素 150～200mg/kg＋对氯苯氧乙酸 25～25mg/kg 对番茄进行整株喷洒，可显著增加坐果及产量。

614 复硝酚钠与 2,4-D 的复配功效是什么？

专门针对香蕉拉长研制的。在香蕉断蕾时，对果实喷洒适当浓度的溶液，有利于增长果指，一般控制 2,4-D 的浓度为 5～10mg/kg。因 2,4-D 又是除草剂，药性强烈，对温度较敏感，不可随意增加浓度。

615 植物生长调节剂药害的原因是什么？

若蘸花果实附近叶片出现卷叶、变硬、黑绿，可能是由于蘸花药剂浓度过大或蘸花药液过多造成的；若生长点叶片卷曲、皱缩畸形且生长缓慢，则可能是由于植物生长调节剂积累中毒引起的。在天气较好的情况下，虽然植物生长调节剂中毒已经存在，但是正常的植株长势掩盖了植物生长调节剂中毒的现象，所以在晴天的时候症状不易被察觉或症状轻微。但是遇到连续的阴雨天气后，植株不能进行正常的光合作用时，根系吸收就会出现问题，因此，此时植株中毒症状就会显现。

616 植物生长调节剂的药害症状是什么？

（1）多效唑的药害症状。出现植株矮小、块根块茎小，畸形，叶片卷曲，哑花，基部老叶提前脱落，幼叶扭曲、皱缩等现象。对于棉花则出现植株严重矮化，果枝不能伸展，叶片畸形，赘芽丛生，落蕾落铃。花生则出现叶片小，植株不生长，花生果小，早衰。由于多效唑的药效时间较长，对下茬作物也会产生药害，导致不出苗、晚出苗、出苗率低、幼苗畸形等药害症状。

（2）缩节胺的药害症状。叶片变小变厚，节间密集，赘芽丛生，植株生长不均匀，造成蕾铃大量脱落，出现棉花后期贪青、晚熟。缩节胺在禾本类植物上出现药害较少，用量范围较宽。缩节胺一般不会对下茬作物产生药害。

（3）矮壮素的药害症状。植株严重矮化，果枝不能伸展，叶片畸形，出现鸡爪叶，赘芽丛生，果枝节间过短，植株枝叶发脆，容易折断。浸种药害，根部弯曲，幼叶严重不长，出苗推迟 7 天以后，出苗后呈扭曲畸形。矮壮素对双子叶植物易产生药害，对单子叶植物不易产生药害。矮壮素药害一般不影响下茬作物。

（4）乙烯利的药害症状。较轻药害表现为植株顶部出现萎蔫，植株下部叶片及花、幼果逐渐变黄、脱落，残果提前成熟。较重药害为整株叶片迅速变黄，脱落，果实迅速成熟脱落，导致整株死亡。乙烯利用量过大或使用时间不当均可产生药害。乙烯利药害不对下茬作物产生影响。

（5）a-萘乙酸的药害症状。轻度萘乙酸的药害表现为花和幼果脱叶，对植株生长影响较小。较重药害为叶片萎缩，叶柄翻转，叶片脱落，成果迅速成熟脱落。对于浸种药害，轻则导致根少，根部畸形，重则不生根，不出苗。*a*-萘乙酸部分会对下茬作物产生药害作用，大多数不对下茬作物产生危害。

(6) 2,4-D的药害症状。轻度药害症状为叶柄变软弯曲，叶片下垂，顶部心叶出现翻卷，叶片畸形，果实畸形，成果形成空心果、裂果等现象。重度药害为植株大部分叶片下垂，心叶翻卷严重，出现畸形并收缩，植株生长点萎缩坏死，整株逐渐萎蔫衰死。因此，2,4-D使用不当时，会如除草剂一样杀死植株，主要药害为对双子叶植物药害较重，对单子叶植物药害较轻。

(7) 三十烷醇的药害症状。三十烷醇使用量较大或纯度不高时，会导致苗期鞘弯曲，根部畸形，成株则导致幼嫩叶片卷曲。

(8) 芸薹素内酯的药害症状。植株疯长，果实少而小，后期形成僵果。

(9) 赤霉素的药害症状。果实僵硬、开裂，成果味涩，植株贪青晚熟。

(10) 复硝酚钠的药害症状。轻度药害症状为抑制植株生长，幼果发育不良；重度药害为植株萎蔫，发黄直至死亡。复硝酚钠药害较少发生，主要发生在桃树、西瓜等敏感作物上，导致作物落花、落果、空心果等现象。

(11) 胺鲜酯的药害症状。叶片有斑点，然后逐渐扩大，由浅黄色逐渐变为深褐色，最后透明。

617 植物生长调节剂药害的急救措施有哪些？

一般药害不太严重时，经喷水浇水就会缓解药害。一般在药害不至于杀死整株时，喷施0.3%尿素+0.2%磷酸二氢钾配合喷水浇水，每15～17天一次，连续2～3次药害基本会解除。

出现植物生长调节剂中毒症状后可采用相应的药剂防治：叶面喷施钙肥750倍液+细胞分裂素1000倍液+大量元素水溶肥1000倍液，7天一次，连喷2次；或每亩冲施含腐植酸类的肥料20kg+钙肥10kg，7～10天一次，连冲2次。

此外，还可有针对性地解除药害，如生长延缓剂是通过抑制植株的赤霉素合成达到控制植物旺长的，在生长延缓剂产生药害时，赤霉素解除药害就是一个很好的方法。如矮壮素药害、多效唑药害等均可用30～50mL/kg的赤霉素进行解毒，每7天一次，连续施用3次基本上就会达到解除药害的效果。

第七章

杀鼠剂知识

618 什么是杀鼠剂？

用于控制有害啮齿动物的药剂。狭义的杀鼠剂仅指具有毒杀作用的化学药剂，广义的杀鼠剂还包括能熏杀害鼠的熏蒸剂，防止鼠类毁坏物品的驱鼠剂，使鼠类失去繁殖能力的不育剂，能提高其他化学药剂灭鼠效率的增效剂等。

619 什么是抗凝血杀鼠剂？

又称慢性杀鼠剂。能抑制体内凝血酶原的合成和使毛细血管壁脆裂，导致内脏出血不凝、流血不止，从而使鼠在数天后死亡的一类杀鼠剂。抗凝血杀鼠剂有两大类，即羟基香豆素类和茚满二酮类，这两类都是通过抗凝血作用而发挥毒性反应的，其毒性作用速度较慢，故称缓效杀鼠剂。即要经过相当一段潜伏期后，才逐渐出现抗凝血的临床表现，故易误诊。常见的香豆素类有杀鼠灵、杀鼠醚、克鼠灵、氯灭鼠灵、溴鼠灵等。茚满二酮类有敌鼠与敌鼠钠、鼠完、杀鼠酮、氯鼠酮。

620 杀鼠剂分哪几类？

杀鼠剂按其作用快慢分为急性杀鼠剂与慢性杀鼠剂两类。前者指老鼠进食毒饵后在数小时至1天内死亡的杀鼠剂；后者指老鼠进食毒饵数天后毒性才发作，如抗凝血类杀鼠剂敌鼠钠、溴敌隆。

杀鼠剂
- 急性杀鼠剂
- 慢性杀鼠剂
  - 第一代抗凝血杀鼠剂
  - 第二代抗凝血杀鼠剂

621 杀鼠剂按作用方式分哪几类？

分为胃毒剂、熏蒸剂、驱避剂和引诱剂、不育剂4大类。

(1) 胃毒性杀鼠剂。药剂通过鼠取食进入消化系统，使鼠中毒致死。这类杀鼠剂一般用量低、适口性好、杀鼠效果高，对人畜安全，是目前主要使用的杀鼠剂，主要品种有敌鼠钠、溴敌隆、杀鼠醚等。

(2) 熏蒸性杀鼠剂。药剂蒸发或燃烧释放有毒气体，经鼠呼吸系统进入鼠体内，使鼠中毒死亡，如氯化苦、溴甲烷、磷化锌等。优点是不受鼠取食行动的影响，且作用快，无二次毒性；缺点是用量大，施药时防护条件及操作技术要求高，操作费工。

(3) 驱鼠剂和诱鼠剂。驱鼠剂的作用是把鼠驱避，使鼠不愿意靠近施用过药剂的物品，以保护物品不被鼠咬。诱鼠剂是将鼠诱集，但不直接杀害鼠的药剂。

(4) 不育剂。通过药物的作用使雌鼠或雄鼠不育，降低其出生率，以达到防除的目的，属于间接杀鼠剂，亦称化学绝育剂。

622 常用的灭鼠方法有哪些？

分为物理器械法、化学药剂法、生物防治法以及生态灭鼠法四类。物理器械包括鼠夹、鼠笼、电子猫、粘鼠板；化学药剂法常用杀鼠剂灭鼠，毒饵灭鼠应用最广；生物灭鼠法包括各种鼠类的天敌和鼠类的致病微生物及寄生虫，如猫、鹰、蛇等；生态灭鼠法包括环境改变，断绝鼠粮，防鼠建筑，消灭鼠类隐蔽场所等。各类方法应取长补短，综合利用。

623 杀鼠剂的使用方法有哪些？

杀鼠剂一般以固体毒饵、毒粉、毒水、毒糊等形式使用。毒饵是由基饵、灭鼠剂和添加剂所组成的。常用的添加剂有引诱剂、黏着剂、警戒色三种，有时加入防霉剂、催吐剂等。毒粉由灭鼠剂和填充料（如滑石粉和硫酸钙粉）混合均匀，制成粉末。毒水，将药剂配制成毒水，鼠类喝毒水后中毒死亡。毒糊是将水溶性的杀鼠剂配制成毒水，再加入适量的面粉，搅拌均匀即成毒糊。

624 哪些杀鼠剂被禁止使用和不宜使用？

(1) 国家明文禁止使用的杀鼠剂有氟乙酰胺、氟乙酸钠、毒鼠强、毒鼠硅和甘氟。

(2) 没有明文禁止但已停产或停用的杀鼠剂有安妥、灭鼠优和灭鼠灵。

(3) 限制使用的有毒鼠磷和溴代毒鼠磷。

625 敌鼠的作用特点是什么？

敌鼠为第一代抗凝血杀鼠剂，国内使用的品种主要为敌鼠钠盐，敌鼠钠盐为第二代抗凝血茚满二酮系列杀鼠剂，具有靶谱广、适口性好、作用缓慢、高效、低毒的特点。敌鼠的作用机制为抑制维生素 K，在肝脏中阻碍血液中凝血酶原的合成，并能使毛细血管变脆，减弱抗张能力，增强血液渗透性，损害肝小叶。取食后的老鼠因内脏出血不止而死亡，中毒个体无剧烈的不适症状，不易被同类警觉。

626 毒鼠碱的作用特点是什么？

又称马钱子碱。是一种高毒生物碱，作用迅速。可以直接作用于鼠体中枢神经系统，通过可逆的拮抗甘氨酸干扰脊髓和延髓中突触接合后的抑制作用，害鼠持续兴奋，使神经失去控制，呼吸循环衰竭，终因缺氧症发作而死亡。禁止用于粮食仓库灭鼠。

627 莪术醇的作用特点是什么？

莪术醇为植物源抗生育剂，对农林牧害鼠的生殖器官具有破坏作用，能够抑制雄性害鼠产生精细胞，破坏雌性害鼠的胎盘绒毛膜，导致溢血、流产等，从而降低妊娠率，达到控制鼠害的作用。

628 氟鼠灵的作用特点是什么？

又称杀它仗、氟鼠酮。属第二代抗凝血型杀鼠剂，具有适口性好、毒力强、使用安全、灭鼠活性好等特点。主要以抑制鼠类体内凝血酶的生成，使血液不能凝结而死，取食后鼠类会因体内出血而死亡。可用于替换防治对第一代抗凝血剂产生抗性的鼠类。

629 α-氯代醇的作用特点是什么？

α-氯代醇为雄性不育剂，具有安全、环保、适口性好等特点。对家禽、家畜和鸟类等不具敏感性，对人类较安全，使用后无二次毒害。在低剂量下，可抑制雄性老鼠的繁殖能力；在高剂量时，可使害鼠由于尿闭而死亡。α-氯代醇使用时注意避免孕妇和哺乳期妇女接触。

630 氯敌鼠钠盐的作用特点是什么？

氯敌鼠钠盐属于第一代抗凝血杀鼠剂，对鼠类的毒力大，适口性好，不易产生拒食性。使用后主要通过破坏鼠体血液中的凝血酶原，使老鼠皮下及内脏出血而死亡。施药过程中若不慎中毒，可采用维生素 K 作解毒剂。

631 氯鼠酮的作用特点是什么？

氯鼠酮属茚满二酮系列的第一代抗凝血剂，具有抑制血凝、阻碍凝血酶原形成以及解除氧化磷酸化的作用。适口性好，杀鼠谱广，对人畜安全，作用缓慢，毒性强，适宜一次性投毒防治鼠害，灭鼠成本较低，灭效高。氯鼠酮易溶于油，药液易浸入饵料中，稳定性不受温度影响，不易产生拒食性，适合野外灭鼠使用。

632 杀鼠灵的作用特点是什么？

杀鼠灵属于 4-羟基香豆素类抗凝血灭鼠剂，属灭鼠药剂中的慢性药物。药剂进入鼠体后，作用于维生素 K_1，可阻碍凝血酶原的生成，破坏机体正常的凝血功能；同时，损害毛细血管，使血管变脆弱，渗透性增强，鼠类服用后因慢性出血而死亡。使用过程中不慎中毒，可采用维生素 K_1 进行解毒。

633 杀鼠醚的作用特点是什么？

杀鼠醚属香豆素类抗凝血杀鼠剂，具有慢性、广谱、高效、适口性好等特点。一般无二次中毒现象，安全性好。主要通过破坏机体凝血机能，损害微血管，引起内出血，导致死亡。鼠类服药后出现皮下、内脏出血，毛疏松，肤色苍白，动作迟钝、衰弱无力等症状，最终衰竭而死。可有效灭杀对杀鼠灵有抗性的鼠类。本品剧毒，维生素 K_1 是其有效解毒剂。

634 杀鼠酮钠盐的作用特点是什么？

杀鼠酮钠盐属茚满二酮类第一代抗凝血杀鼠剂。作用原理是致使血液中的凝血酶原失活，微血管变脆、抗张力减退、血液渗透性增强，即血液凝固功能衰退，不断出血，最终导致死亡。维生素 K_1 可作为其特效解毒剂。

635 杀鼠新的作用特点是什么？

杀鼠新属于新型茚满二酮类第二代抗凝血杀鼠剂，具有毒力强、用量少、适口性好、毒饵易于配制等特点。可以通过胃毒、熏蒸作用直接毒杀害鼠，鼠类吞食毒饵后体内出血而死亡。

636 鼠立死的作用特点是什么？

鼠立死是一种速效杀鼠剂，灭鼠靶谱广，作用迅速，进入机体后被代谢产生维生素 B_6 的拮抗剂，能够破坏谷氨酸脱羧代谢酶系，害鼠取食后兴奋不安，产生痉挛而死。鼠立死蓄积毒性微弱，不易发生二次中毒，对鼠类的毒性强而稳定，有一定的选择性。有效解毒剂为巴比妥钠、B 族维生素。

637 鼠完的作用特点是什么？

鼠完是茚满二酮类第一代抗凝血灭鼠剂，鼠服后，体内凝血酶原和微血管脆性功能降低，血液凝固功能衰退，不断出血，最终死亡。鼠完对家畜、家禽等动物安全，维生素 K 为有效解毒剂。

638 C 型肉毒杀鼠素的作用特点是什么？

该毒素为一种嗜神经性麻痹毒剂，具有毒力强、适口性好、对非靶标动物毒性低、无二次中毒等特性。使用时可通过肠道进入血液循环，作用于中枢神经系统，抑制神经末梢乙酰胆碱的释放，阻碍其传递功能，导致肌肉麻痹，最终使鼠体肌肉麻痹，产生软瘫现象，最后导致呼吸窒息而亡。

639 溴敌隆的作用特点是什么？

第一代抗凝血杀鼠剂，作用缓慢、高效、靶谱广、适口性好、毒性大，该药的毒理机制主要是通过阻碍凝血酶原的合成，导致致命的出血。鼠类服药后一般4～6天死亡，单剂量使用对各种鼠都能有较好的防效。溴敌隆对鱼类、水生昆虫等水产生物有中等毒性，动物取食中毒死亡的老鼠后，会引起二次中毒。灭鼠过程中，中毒死鼠应收集深埋或烧掉。万一误食应及时送医院急救，维生素 K_1 为特效解毒剂。

640 溴鼠胺的作用特点是什么？

溴鼠胺为高效、适口性好的新型杀鼠剂，其作用机制是阻碍中枢神经系统线粒体的氧化磷酸化作用，减少 ATP 的形成，导致鼠的死亡。能有效杀灭对灭鼠灵有抗药性的小家鼠，不会引起二次中毒，在使用浓度下，对皮肤和眼无刺激作用，对水栖生态环境无危险。

641 溴鼠灵的作用特点是什么？

又称大隆、溴鼠隆。是第二代抗凝血杀鼠剂，靶谱广、毒力强，适口性好。具有急性和慢性杀鼠剂的双重优点，既可以作为急性杀鼠剂单剂量使用防治害鼠，又可以采取小剂量多次投饵的方式达到较好消灭害鼠的目的。主要通过阻碍凝血酶原的合成，损害微血管，鼠服后大量出血而死。不会产生拒食作用，可以有效地杀死对第一代抗凝血剂产生抗药性的鼠类。中毒潜伏期一般为3～5天。猪、狗、鸟类对大隆较敏感，对其他动物比较安全。

642 如何使用天南星灭鼠？

天南星系多年生草本植物，有毒性草药。用块茎入药毒鼠。用猪肝或猪肉烧熟后切成小块，再拌入适量的天南星粉，然后撒在老鼠经常活动的地方。由于没有药味，褐家鼠又特别喜爱吃荤腥，所以容易上当毒死。

643 如何使用石膏灭鼠？

用石膏、面粉各100g，八角茴香少许（首先要将石膏和茴香碾成粉末），然后和面粉一起炒熟，放于鼠洞旁或其经常出没的地方。注意在放石膏食饵之前，把所有食物藏好，不让老鼠偷吃。当老鼠饿极了就会跑来吃石膏食饵，老鼠食后，因口渴而出来寻水喝，可事先准备一盆水于投食处，任其大饮，2～3h后，就会活活胀死。

644 如何使用水泥灭鼠？

将米面、玉米面或黄豆粉等面粉炒熟，拌上适量的干水泥，放上少许香油，充分搅拌均匀后盛放在老鼠经常出没的地方。这种水泥食饵无药味，有香味，老鼠爱吃。食饵中的水泥有吸水、吸潮凝固作用。老鼠食后口渴，就会找水喝，水泥遇水即结成块，使肠胃阻塞，1～2 天后就会死亡。食用了水泥食饵的老鼠在未死前，因其痛苦发作，也会咬死其他老鼠。

第八章

其他农药

645 什么是杀线虫剂？

用于防治植物病原线虫的药剂。大部分用于土壤处理，小部分用于种子、苗木处理。线虫通过土壤或种子传播，能破坏植物的根系，或侵入地上部分的器官，影响农作物的生长发育，还间接地传播由其他微生物引起的病害，造成很大的经济损失。

646 杀线虫剂分哪几类？

（1）按防治对象分类，一是专性杀线虫剂，即专门防治线虫的农药；二是兼性杀线虫剂，这类杀线虫剂兼有多种用途，如氯化苦、溴甲烷、滴滴混剂对地下害虫、病原菌、线虫都有毒杀作用，棉隆能杀线虫、杀虫、杀菌、除草。

（2）按作物方式分类，分为熏蒸杀线虫剂和非熏蒸杀线虫剂。

（3）按化学结构分类，分为：①有机硫类，如二硫化碳、氧硫化碳。②卤代烃类，如氯化苦、溴甲烷、碘甲烷等。这类杀线虫剂具有较高的蒸气压，多是土壤熏蒸剂，通过药剂在土壤中扩散而直接毒杀线虫。③硫代异硫氰酸甲酯类，如威百亩、棉隆。这类杀线虫剂能释放出硫代异硫氰酸甲酯使线虫中毒死亡。④有机磷类，如除线磷、丰索磷、胺线磷、丁线磷、苯线磷、丙线磷、硫线磷、氯唑磷（米乐尔）。这类杀线虫剂发展较快，品种较多。其作用机制是胆碱酯酶受到抑制而中毒死亡，线虫对这类药剂一般较敏感。

647 氟噻虫砜的作用特点是什么？

氟代烯烃类硫醚化合物，对多种植物寄生线虫有防治作用，毒性低，如对有益生物和非靶标生物低毒，是许多氨基甲酸酯和有机磷类杀线虫剂等的" 绿色" 替代品。2014 年在美国取得登记的非熏蒸性杀线虫剂。具有防效好，持效期长，对哺乳动物、作物、环境安全等特点。通过触杀作用于线虫，线虫接触到此物质后活动减少，进而麻痹，暴露1h后停止取食，侵染能力下降，产卵能力下降，卵孵化率下降，孵化的幼虫不能成活，其不可逆的杀线虫作用可使线虫死亡。用于防治水果和瓜类蔬菜上的根结线虫，其为内吸性的非熏蒸性杀线虫剂，也可防治危害农业和园艺作物的线虫。

648 棉隆的作用特点是什么？

属于硫代异硫氰酸甲酯类杀线虫剂，并兼治真菌、地下害虫和杂草，是一种高效、低毒、无残留的环保型广谱性综合土壤熏蒸消毒剂。施用于潮湿的土壤中时，会产生有毒的异硫氰酸甲酯、甲醛、硫化氢等，迅速扩散至土壤颗粒间，有效地杀灭土壤中的各种线虫、病原菌、地下害虫及杂草种子，从而达到清洁土壤、疏松活化土壤的效果。但对鱼有毒性，易污染地下水，南方应慎用。

649 威百亩的作用特点是什么？

属于二硫代氨基甲酸酯类杀线虫剂，主要是熏蒸作用，在土壤中降解成异氰酸甲酯发挥作用。通过抑制细胞分裂以及DNA、RNA和蛋白质的合成，导致呼吸代谢受阻而死亡。并兼具杀菌、除草的作用。

650 有害软体动物的种类有哪些？

指危害农作物的蜗牛（俗称水牛儿、旱螺蛳）、蛞蝓（俗称鼻涕虫、蜒蚰）、田螺（俗称螺蛳）和血吸虫的中间寄主钉螺等。

651 杀软体动物剂分哪几类？

杀软体动物剂按物质类别分为无机和有机杀软体动物剂两类。无机杀软体动物剂的代表品种有硫酸铜。有机杀软体动物剂按化学结构分为下列几类：①酚类，如五氯酚钠、杀螺胺（百螺杀、贝螺杀）；②吗啉类，如蜗螺杀（蜗螺净）；③有机锡类，如丁蜗锡（氧化双三丁锡）；④沙蚕毒素类，如杀虫环（易卫杀、杀噻环、甲硫环）、杀虫丁（硫环已烷盐酸盐）；⑤其他，如四聚乙醛（密达、蜗牛敌、多聚乙醛）、灭梭威（灭旱螺）、硫酸烟酰苯胺。

652 杀螺胺的作用特点是什么？

抑制虫体细胞内线粒体氧化磷酸化过程。能杀灭多种蜗牛、牛肉绦虫、猪肉绦虫、尾蚴等。在农业上用于杀灭稻田中的福寿螺；在公共卫生方面，用于杀灭钉螺。在水中迅速产生代谢变化，作用时间不长。用于商业养鱼塘，可以在鱼塘换新水之前杀死和清除不想要的鱼，使用这种杀鱼剂之后只需要过几天就可以放入新鱼。

653 四聚乙醛的作用特点是什么？

选择性强的杀螺剂。当螺受引诱而取食或接触到药剂后，使螺体内的乙酰胆碱酯酶大量释放，破坏螺体内特殊的黏液，使螺体迅速脱水，神经麻痹，并分泌黏液，由于大量体液的流失和细胞被破坏，导致螺体、蛞蝓等在短时间内中毒死亡。

654 灭梭威的作用特点是什么？

具有触杀和胃毒作用。当药剂进入动物体内，可产生抑制胆碱酯酶的作用。防治旱地、温室的蜗牛与蛞蝓。

第九章 农药与环境

655 什么是农药的残留毒性？

农药由于理化性质的特点，施入环境中不会很快降解消失，而持留于环境中有较长时间。随着农药种类不断增多，人们发现或因它的结构特点（如含芳香环类）难于降解，或因它的行为特点（如内吸性、轭合和结合性）消失缓慢，因而出现了一些持留性强的农药品种。虽然它们残留在环境中的量不可能很大，可是通过植物吸收后在生物体内的积累或经过食物链的生物富集，会造成人畜慢性毒害的亚致死剂量，引起有机体内脏机能受损或阻碍正常的生理代谢过程。

656 什么是致畸作用？

指由于外源化学物的干扰，胎儿出生时，某种器官表现形态结构异常。

657 什么是致癌作用？

指化学物质引起正常细胞发生恶性转化并发展成肿瘤的过程。

658 什么是致突变作用？

指引起生物遗传物质性状的改变，即细胞染色体上基因发生变化。

659 什么是农药环境毒理学？

研究农药进入田间后的环境行为与对非靶标生物的环境毒性。通过对农药环境毒理学的研究，其目的就是了解农药产生不良负效应的成因，进而提出控制农药不良反应的措施，达到安全使用的目的。

660 什么是农药生态毒理学？

当农药进入某一生态系后，通过生态系有关机能（例如能量流、物质代谢与生物化学循环等）必然会扩散、影响到其他生态体，这样，对农药安全性的正确评估，必须从生态角度来考虑。生态毒理学是生态学与毒理学相互渗透的边缘科学。

661 什么是生物富集？

生物富集也称生物浓集，是指生物体从环境中能不断吸收低剂量的农药，并逐渐在其体内积累的能力。

662 什么是食物链转移？

指动物体吞食有残留农药的作物或生物后，农药在生物体间转移的现象。食物往往是造成生物体富集的一种因素。生物富集与食物链是促使食品含有残留农药的一个很重要的原因。

663 什么是农药残留？

是农药使用后一个时期内没有被分解而残留于生物体、收获物、土壤、水体、大气中的微量农药原体、有毒代谢物、降解物和杂质的总称。

664 什么是农药降解？

指化学农药在环境中从复杂结构分解为简单结构，甚至会降低或失去毒性的作用。

665 农药怎样污染环境？

主要污染大气、水系和土壤。大气污染是由于喷洒农药防治作物、森林和卫生害虫时，药剂的微粒在空中飘浮所致。水质污染是农田用药时散落在田地里的农药随灌溉水或雨水冲刷流入江河湖泊，最后归入大海，以及工厂排出废液，经常在湖、河中洗涤施药工具和容器等。耕地土壤受农药的污染程度与栽培技术和种植作物种类有关。栽培水平高的耕地与复种指数高的土地，农药残留量相应也较大。果树一般施药水平高，因而在果园土壤中农药的污染程度较严重。

666 农药对有害生物群落的影响是什么？

农田使用农药后，对生物体产生不同程度的影响，主要表现为害虫种群的再猖獗和次要害虫种群的上升；杂草种群的复杂化等。

667 为什么害虫会再猖獗？

害虫的再猖獗是指使用某些农药后，害虫密度在短时期有所降低，但很快出现比未施药的对照区增大的现象。害虫再猖獗的原因是复杂的，概括起来有：①天敌区系的破坏；②杀虫剂残留或者是代谢物对害虫的繁殖有直接刺激作用；③化学药剂改变了寄主植物的营养成分；④或是上述因素综合作用的结果。

668 次要害虫如何上升？

次要害虫的上升是指施用某些农药后，农田生物群落中原来占次要地位的害虫，由原来的少数上升为多数，变为为害严重的害虫。

669 农药对陆生有益生物的影响是什么？

包括对寄生性天敌昆虫，对捕食性天敌昆虫，对蜘蛛和捕食性螨，对蜜蜂和对家蚕的影响。

670 防止蜜蜂农药中毒的措施是什么？

选择合适的施药时间，尽可能在花期后喷药，或在放蜂前、收蜂后施药，最好选择在早上7点以前或下午5点以后施药。尽可能选用对蜜蜂毒性小或无毒，而又能达到施药目的的药剂。尽量避免采取喷粉的方式。

671 防止家蚕农药中毒的措施是什么？

在桑园内或附近禁止喷施沙蚕毒素类、拟除虫菊酯类杀虫剂。在桑园防治病虫害时，应选用速效、持效期短、对家蚕安全的药剂，浓度配制准确，选择无风和喷药后不会降雨的天气施药，以防药液漂移和流失。

672 防止水生生物农药中毒的措施是什么？

（1）污染水质的农药不能在禁止使用的地带施用。

（2）施用对鱼类高毒的农药时，不要使药液漂移或流入鱼塘。对养鱼的稻田施药时，必须慎重选用对鱼、贝类安全的药剂。

（3）施药后剩余的药液及空药瓶或空药袋不得直接倒入或丢入渠道、池塘、河流、湖泊内，必须埋入地下。施药器具、容器不要在上述水域内洗涮，所洗涮的药水不得倒入或让其流入水体中。

（4）在养鱼的稻田中施药防治病虫害时，应预先加灌4～6cm深的水层，药液尽量喷、撒在稻茎、叶上，减少落到稻田水体中。

673 农药对蛙类等生物的影响是什么？

青蛙是大家所熟知的害虫天敌，农民誉之为“庄稼卫士”。农田是青蛙生长、繁殖和活动的主要场所，因此，农田施药必须注意对青蛙的保护。青蛙的个体发育阶段不同，对农药的敏感性不同。蝌蚪对药剂最敏感，幼蛙次之，成蛙的抗药性较强。化学防治时保护蝌蚪免受伤害，是保护青蛙的中心环节之一。

674 清除蔬菜瓜果上残留农药的简易方法有哪些？

（1）浸泡水洗法。污染蔬菜的农药品种主要为有机磷类杀虫剂。有机磷类杀虫剂难溶于水，此种方法仅能除去部分污染的农药。但水洗是清除蔬菜瓜果上其他污物和去除残留农药的基本方法。主要用于叶类蔬菜，如菠菜、金针菜、韭菜、生菜、小白菜等。一般先用水冲洗掉表面污物，然后用清水浸泡，浸泡不少于10min。果蔬清洗剂可促进农药的溶出，所以浸泡时可加入少量果蔬清洗剂。浸泡后要用清水冲洗 2～3 遍。

（2）碱水浸泡法。有机磷类杀虫剂在碱性环境下分解迅速，所以此方法是去除农药污染的有效措施，可用于各类蔬菜瓜果。方法是先将表面污物冲洗干净，浸泡到碱水（一般 500mL 水中加入碱面 5～10g）中 5～15min，然后用清水冲洗 3～5 遍。

（3）储存法。农药在环境中可随时间的推移而缓慢地分解为对人体无害的物质。所以对易于保存的瓜果蔬菜可通过一定时间的存放，减少农药残留量。此法适用于苹果、猕猴桃、冬瓜等不易腐烂的种类。一般存放 15 天以上。注意，不要立即食用新采摘的未削皮的水果。

（4）加热法。随着温度升高，氨基甲酸酯类杀虫剂分解加快。所以对一些其他方法难以处理的蔬菜瓜果可通过加热去除部分农药。常用于芹菜、菠菜、小白菜、圆白菜、青椒、菜花、豆角等。方法是先用清水将表面污物洗净，放入沸水中2～5 min 捞出，然后用清水冲洗 1～2 遍。

第十章

农药中毒急救知识

675 什么是农药的毒性？

根据农药中毒后引起的人体受损害程度不同，分为轻度中毒、中度中毒和重度中毒。根据农药进入人体的途径又分为：经鼻口进入呼吸系统中毒，简称呼吸中毒；经口进入消化系统中毒，简称经口中毒；经皮肤渗入体内中毒，简称经皮中毒。经皮中毒是农田农药急性中毒的主要途径。一般呼吸中毒症状来得最快，急骤而严重；经口中毒症状相对来得较慢；经皮中毒症状来得最慢，比较平稳缓和。但是，农药一旦进入人体，在组织和脏器间渗透扩散，都造成全身反应，其中毒造成的危害程度，主要取决于进入体内农药的剂量。根据农药中毒快慢不同，可分为急性中毒、亚急性中毒和慢性中毒。

676 什么是经皮毒性？

农药进入人体绝大部分是通过皮肤渗透，称为经皮毒性。它是在农药的搬运、分装、配药、施用时，由于各种原因接触到人体表皮后渗入体内的。农药中以乳油、油剂及其高浓度稀释物最易侵入人体，而可湿性粉剂、粉剂或颗粒剂中的有效成分则较难通过皮肤而被大量吸收。人体有黏膜部分及眼睛容易吸收药剂并渗入体内，而手掌部分相对吸收较慢。皮肤接触药剂的面积越大，时间越长，则吸收越多。

677. 什么是经口毒性？

农药通过口部进入消化道，称为经口毒性。农药经口毒性常比经皮毒性大5～10倍。除误食外，在施药中打闹、说笑、抽烟、喝水等；喷雾器喷头堵塞时用嘴吹；误食近期施过药或残留量高的农产品；误用农药容器装食品，取食中毒而死的动物或饮食被农药污染的水、食品或处理过的种子等，都可引起经口毒性。

678 什么是呼吸毒性？

熏蒸剂或挥发的农药以及细粉、细雾状的农药分散体系（如喷粉、施烟、弥雾或超低容量）通过呼吸道吸入致毒，引起呼吸毒性。引起呼吸毒性的可能性很大。粒径小于 10μm 的药剂雾粒蒸气或烟雾微粒能够到达肺部而损害肺组织；粒径 50～100μm 也可能被吸入并影响上呼吸道。在密闭或相对密闭的空间或在农药蒸气、微粒浓度较高的环境中进行农药施用操作，是大量吸入农药的主要原因。

679 什么是急性毒性？

指一次被人体吸收的量较大，在短时间（数分钟或数小时）引起急性病理反应而表现出中毒症状（如恶心、头疼、出汗、呕吐、腹泻、抽搐、呼吸困难、昏迷等）。衡量或表示农药急性毒性的程度常用 LD_{50} 值作为指标，供试动物常用大白鼠或小白鼠。对使用者来说，经皮毒性更重要，因此，一般连续进行农药操作的时间不宜过长，老、幼、病人以及在经期、孕期、哺乳期的妇女不能进行农药操作。另外，气温高时，经皮肤或呼吸道中毒的危险性增大，故应加倍小心和注意防护。

680 什么是亚急性毒性？

亚急性毒性的中毒症状往往需要一个过程，最后表现与急性中毒类似，也可引起局部病理变化，受害者多有长期连续接触一定剂量农药的过程。

681 什么是慢性毒性？

指在长期摄入低微剂量的药剂后逐渐引起内脏机能受损，阻碍正常生理代谢过程而表现出慢性病理反应的中毒症状。有些农药慢性中毒还可引起“三致”（致癌、致畸、致突变）及神经系统中毒等，后果相当严重。

682 毒性分级及标志有哪些？

我国把农药的毒性分为剧毒、高毒、中等毒、低毒、微毒五个等级。毒性越高，越容易引起中毒事故。在农药标签上，分别用下列标志表示，见表 10-1。

表 10-1　我国农药的毒性分级及标志

毒性	致死中量;LD_{50}/(mg/kg)	标志
剧毒	1～50	
高毒	51～100	
中等毒	101～500	

续表

毒性	致死中量；LD_{50}/(mg/kg)	标志
低毒	501～5000	低毒
微毒	＞5000	

683 什么是致死中量?

指农药引起一半受试对象出现死亡所需要的剂量。LD_{50}是评价农药急性毒性大小最重要的参数，也是对不同农药进行急性毒性分级的基础标准。农药的急性毒性越大，其LD_{50}的数值越小。LD_{50}的表示单位是mg/kg。$LD_{50} \leqslant 50$mg/kg，表示剧毒农药；50mg/kg$< LD_{50} \leqslant$100mg/kg，表示高毒农药；100mg/kg$< LD_{50} \leqslant$500mg/kg，表示中等毒性农药；$LD_{50} >$500mg/kg，表示低毒农药；见表10-1。

684 什么是最大残留限量?

指在生产或保护商品过程中，按照农药使用的良好农业规范（GAP）使用农药后，允许农药在各种食品和动物饲料中或其表面残留的最大浓度。最大残留限制标准是根据良好的农药使用方式（GAP）和在毒理学上认为可以接受的食品农药残留量制定的。

685 什么是每日允许摄入量(ADI值)?

ADI值是用来评价农药对人的慢性毒性。ADI表示在正常人每天从膳食中摄入一定数量的农药或其他受试物质，对人体的健康和下一代不发生各种明显的、值得重视的毒害作用，称为每日允许摄入量。

686 如何区别农药的毒性、药效和毒力?

（1）农药的毒性指农药对人、畜等产生毒害的性能；农药的药效指药剂施用后对控制目标（有害生物）的作用效果，是衡量效力大小的指标之一；农药的毒力指农药对有害生物毒杀作用的大小，是衡量药剂对有害生物作用大小的指标之一。

（2）农药的毒性与毒力有时是一致的，即毒性大的农药品种对有害生物的毒杀作用强，但也有不一致的，比如高效低毒农药。

（3）农药的毒力是药剂本身的性质决定的；农药的药效除农药本身的性质外，还取决于农药制剂加工的质量、施药技术的高低、环境条件是否有利于药剂毒力的发挥。毒力强的药剂，药效一般也高。

（4）毒性是利用实验动物（鼠、狗、兔等）进行室内试验确定的；药效是在接近实际应用的条件下，通过田间试验确定的；毒力则是在室内控制条件下通过精确实验测定出来的。

687 农药毒性的共性表现是什么？

（1）局部刺激症状。接触部位皮肤充血、水肿、皮疹、瘙痒、水疱，甚至灼伤、溃疡。以有机氯、有机磷、氨基甲酸酯、有机硫、除草醚、百草枯等农药的作用最强。

（2）神经系统表现。对神经系统代谢、功能，甚至结构的损伤，引起明显的神经症状。常见的有中毒性脑病、脑水肿、周围神经病而引起烦躁、意识障碍、抽搐、昏迷、肌肉震颤、感觉障碍或感觉异常等表现。以杀虫剂，如有机磷、有机氯、氨基甲酸酯等农药中毒为常见。

（3）心脏毒性表现。对神经系统的毒性作用多是心脏功能损伤的病理生理基础，有些还对心肌有直接损伤作用。如有机氯、有机磷、百草枯、磷化锌等农药中毒，常致心电图异常、心源性休克甚至猝死。

（4）消化系统症状。多数农药口服可引起化学性胃肠炎，出现恶心、呕吐、腹痛、腹泻等症状，如百草枯、有机磷、环氧丙烷等农药可引起腐蚀性胃肠炎，并有呕血、便血等表现。

688 农药毒性的独特表现是什么？

（1）血液系统毒性表现。如杀虫脒、除草醚等可引起高铁蛋白血症，甚至导致溶血；茚满二酮类及羟基香豆素类杀鼠剂则可损伤体内凝血机制，引起全身出血。

（2）肝脏毒性表现。如有机磷、有机氯、氨基甲酸酯、百草枯、杀虫双等农药，可引起肝功能异常及肝脏肿大。

（3）肺脏刺激损伤表现。如五氯酚钠、氯化苦、福美锌、杀虫双、有机磷、氨基甲酸酯、百草枯等，可引起化学性肺炎、肺水肿，百草枯尚能引起急性肺间质纤维化。

（4）肾脏毒性表现。引起血管内溶血的农药，除因生成大量游离血红蛋白致急性肾小管堵塞、坏死外，有的如有机硫、有机磷、有机氯、杀虫双、五氯苯酚等还对肾小管有直接毒性，可引起肾小管急性坏死，严重者可致急性肾功能衰竭等。

（5）其他表现。有些农药可引起高热。如有机氯类农药，可因损伤神经系统而致中枢性高热；五氯酚钠、二硝基苯酚等则因致体内氧化磷酸化解偶联，使氧化过程产生的能量无法以高能磷酸键形式储存而转化为热能释出，导致机体发生高热、大汗、昏迷、惊厥。

689 农药进入人体的途径有哪些？

一般农药主要通过皮肤、呼吸道或口腔进入人体。

690 农药中毒急救的基本步骤及措施是什么？

农药中毒的急救包括现场急救和医院抢救两个部分。现场急救包括去除农药污染源，防止农药继续进入患者身体。现场急救是整个抢救工作的关键，为进一步治疗赢得时间。现场情况较复杂，应根据农药的中毒方式及时采取不同的急救措施。

① 经皮引起的中毒者。立即脱去被污染的衣裤，迅速用清水冲洗干净，或用肥皂水（碱水也可）冲洗。如是敌百虫中毒，则只能用清水冲洗，不能用碱水或肥皂（因敌百虫遇碱性物质会变成更毒的敌敌畏）。若眼内溅入农药，立即用淡盐水连续冲洗干净，然后有条件的话，可滴入2%可的松和0.25%氯霉素眼药水，严重疼痛者，可滴入1%～2%普鲁卡因溶液。

② 吸入引起的中毒者。吸入中毒应立即将中毒者带离现场，于空气新鲜的地方，解开中毒者的衣领、腰带，去除假牙及口、鼻内可能有的分泌物，使中毒者仰卧并头部后仰，保持呼吸畅通，注意身体的保暖。

③ 经口引起的中毒者。经口引起的中毒，应尽早采取引吐洗胃、导泻或对症使用解毒剂等措施。一般条件下，只能对神志清醒的中毒者采取引吐的措施来排除毒物（昏迷者待其苏醒后进行引吐）。引吐的简便方法是给中毒者喝200～300mL水（浓盐水或肥皂水），然后用干净的手指或筷子等刺激咽喉部位引起呕吐，并保留一定量的呕吐物，以便化验检查。

医院内抢救：在现场急救的基础上，应立即将中毒者送医院抢救治疗。

① 清洗体表。除用清水外，可在需要时酌情用一些中和剂冲洗，如5%碳酸氢钠、3‰氢氧化钙溶液等碱性溶液，又如3%硼酸、2%～5%乙酸溶液等酸性溶液。使用中和剂后，再用清水或生理盐水洗去中和液。

② 催吐。催吐是对经口中毒者排毒很重要的方法，其效果常胜于洗胃。已现场引吐者入院后可再次催吐，除了现场引吐方法，还可选用1%硫酸铜液每5min一匙，连用3次；或用中药胆矾3g、瓜蒂3g研成细末一次冲服；或吐根糖浆10～30mL口服，然后再喝100mL水催吐。

③ 洗胃。催吐后应尽快彻底洗胃。洗胃前要去除分泌物、假牙等异物，根据不同农药选择不同洗胃液。每次灌注洗胃液500mL左右，不宜过多，以免引起胃扩张。每次灌入量应尽量排空，反复灌洗直至无药味为止。

④ 导泻。导泻的目的是排除已进入肠道内的毒物，阻止肠道吸收。由于很多农药以苯作溶剂，故不能用油类泻药，可用硫酸钠或硫酸镁30g加水200mL一次服用，并多饮水加快排泄。但对有机磷农药严重中毒者，呼吸受到抑制时不能用硫酸镁导泻，以免由于镁离子大量吸收加重呼吸抑制。

691 有机磷的中毒症状及急救措施是什么？

有机磷农药杀虫效力高，对人畜的毒性大。目前绝大多数农药中毒是有机磷农药所引起的。有机磷农药中毒作用是通过呼吸道、消化道及皮肤三种途径引起中毒。有机磷农药进入人体后通过血液、淋巴很快运送至全身各个器官，以肝脏含量最多，肾、肺、骨次之，肌肉及脑组织中含量少。其毒理作用是抑制人体内胆碱酯酶的活性，使胆碱酯酶失去分解乙酰胆碱的能力，使乙酰胆碱在体内积累过多。中毒原因主要是由于中枢性呼吸衰竭，呼吸肌瘫痪而窒息；支气管痉挛，支气管腔内积储黏液，肺水肿等加重呼吸衰竭，促进死亡。

（1）中毒症状。根据病情可分为轻、中、重三类。①轻度中毒症状：头痛、头昏、恶心、呕吐、多汗、无力、胸闷、视力模糊、胃口不佳等。②中度中毒症状：除上述轻度中毒症状外，还出现轻度呼吸困难、肌肉震颤、瞳孔缩小、精神恍惚、行走不稳、大汗、流涎、腹疼腹泻等。③重度中毒症状：除上述轻度和中度中毒症状外，还出现昏迷、抽搐、呼吸困难、口吐白沫、肺水肿、瞳孔缩小、大小便失禁、惊厥、呼吸麻痹等。早期或轻度中毒常被人忽视，并且其症状与感冒、中暑、肠炎等病相似，应引起足够的重视。有机磷农药引起的中毒症状可因品种不同而不同。乐果中毒症状的潜伏期较长，症状迁移时间也较长，还具有多变的趋势，好转后也会出现反复，会突然再出现症状，易造成死亡。马拉硫磷误服中毒后病情严重，病程长，晚期也会有反复。敌敌畏口服中毒，很快出现昏迷，易发生呼吸麻痹、肺水肿和脑水肿；经皮中毒者出现头痛、头昏、腹痛、多汗、瞳孔缩小、面色苍白等，皮肤出现水疱和烧伤等症状。对硫磷、内吸磷经皮中毒，若头痛加剧表明中毒严重，中毒后对心肌损害明显，引起心肌收缩无力、低血压等循环衰竭。

（2）急救。将中毒者带离现场，到空气新鲜的地方，清除毒物，脱掉污染的衣裤，立即冲洗皮肤或眼睛。对经口中毒者应立即采取引吐、洗胃、导泻等急救措施。

（3）治疗。常用的有机磷解毒剂为抗胆碱剂和胆碱酯酶复能剂。①抗胆碱剂。阿托品是目前抢救有机磷农药中毒最有效的解毒剂之一，但对晚期呼吸麻痹无效。采用阿托品治疗必须早、足、快、复。对轻度中毒者，用阿托品1～2mg皮下注射，每4～6h肌注或口服阿托品0.4～0.6mg，直到症状消失。对中度中毒者，用阿托品2～4mg静脉注射，以后每15～30min重复注射1～2mg，达到阿托品化后改用维持量，每4～6h皮下注射0.5mg。对经口中毒者，开始用阿托品2～4mg静脉注射，以后每15～30min重复注射，达到阿托品化后每2～4h静脉注射0.5～1mg阿托品直到症状消失。对于重度中毒，经皮肤或呼吸道引起中毒者，开始用阿托品3～5mg静脉注射，以后每10～30min重复注射，达到阿托品化后用维持量每2～4h静脉注射阿托品0.5～1mg。对经消化道中毒者，开始用阿托品5～10mg静脉注射，以后每10～30min重复注射，达到阿托品化后每1～2h静脉注射阿托品0.5～2mg直到中毒症状消失。阿托品化的指标：瞳孔较前散大，心率增快至120次以上，嘴干燥，面色潮红，唾液分泌减少，肺部湿罗音减少消失，意识障碍减轻，昏迷者开始恢复，腹部膨胀，肠蠕动音减弱，膀胱有尿潴留等。以上指标必须综合判断，不能只见某一指标达到即停药，要根据具体情况用小剂量维持，以避免病情反复。注意事项：一是在诊断不明时不能盲目使用大剂量阿托品，以免造成阿托品中毒；二是严重缺氧者应立即给氧，保持呼吸畅通。同时以阿托品治疗；三是伴有体温升高者，采用物理降温后再用阿托品。阿托品与胆碱酯酶复能剂合用时应减少阿托品用量。②胆碱酯酶复能剂。常用的有解磷定、氯磷定、双复磷。解磷定：轻度中毒者用0.4～0.8g解磷定，再用葡萄糖或生理盐水10～20mL稀释后做静脉注射，每2h重复一次。中度中毒者用0.8～1.2g做静脉缓慢注射，以后每小时用0.4～0.8g静脉注射，共3～4次。重度中毒者用1.2g做静脉注射，半小时重复一次，以后每小时用0.4g静脉注射或点滴。氯磷定：轻度中毒者用0.25～0.5g肌内注射，必要时2～4h后重复一次。中度中毒者用0.5～0.75g肌内或静脉注射，1～2h后再重复一次，以后每2～4h注射0.5g至病情好转后减量或停药。重度中毒者用0.75～1.0g肌内或静脉注射，半小时仍不见效可重复一次，以后每2h肌内或静脉注射0.5g，病情好转后，酌情减量或停药。双复磷：轻度中毒者用0.125～0.25g肌内注射，必要时2～3h重复一次。中度中毒者0.5g肌内或静脉注射，2～3h重复注射，视病情好转减药或停药。重度中毒者用0.5～0.75g静脉注射，半小时后不见效，可再注射0.5g。以后每2～3h重复注射0.25g直至病情好转。注意事项：一是应在中毒后24h内用足量，并要维持48h；二是胆碱酯酶复能剂治疗对硫磷、内吸磷、甲拌磷的中毒疗效显著，但对敌敌畏、敌百虫农药中毒疗效差；三是治疗过程中要严格掌握用量，用药过量会产生药物中毒；四是复能剂对肾功能有一定的损害，对患有肾病者应慎用；五是不能将阿托品或解磷定作为预防性药物给接触有机磷农药的人，否则会掩盖中毒的早期症状和体征，延误治疗时机。

692 氨基甲酸酯的中毒症状及急救措施是什么？

氨基甲酸酯类农药可通过呼吸道、消化道、皮肤引起中毒。这类农药也是一种胆碱酯酶抑制剂，但它又不同于有机磷制剂，它是整个分子和胆碱酯酶相结合，所以水解度愈大毒性愈小。它与胆碱酯酶仅形成一种络合物，这种络合物在体内极易水解，胆碱酯酶可迅速恢复活力，它与胆碱酯酶的结合是可逆的，抑制后的胆碱酯酶复能快，所以一般不会引起严重中毒。由于氨基甲酰化胆碱酯酶不稳定，使得氨基甲酸酯类农药中毒症状出现快，一般几分钟至1h即表现出来，使得中毒剂量和致死剂量差距较大。氨基甲酸酯类农药中毒死亡病例的死因多是呼吸障碍和肺水肿。

（1）中毒症状。头昏、头痛、乏力、面色苍白、恶心呕吐、多汗、流涎、瞳孔缩小、视力模糊。严重者出现血压下降、意识模糊不清，皮肤出现接触皮炎如风疹而局部红肿奇痒，眼结膜充血，流泪，胸闷，呼吸困难等。但此类农药在体内代谢快，排泄快，轻度中毒者一般在12～24h可完全恢复，快的在1～2h就能恢复。

（2）急救。立即脱离现场，到空气新鲜的地方，脱掉衣裤，用肥皂水彻底冲洗。经口中毒者立即引吐洗胃等。注意清除呼吸道中的污物，对呼吸困难者要采取人工呼吸。输液可加速毒物排出，但要防止肺水肿的发生。

（3）治疗。以阿托品疗效最佳，用0.5～2mg口服或静脉或肌内注射，每15min重复一次至阿托品化，维持阿托品化直至中毒症状消失。不能采用复能剂。出现肺水肿以阿托品治疗为主，病情重者加用肾上腺素。失水过多要输液治疗。呼吸道出现病变者应注意保持畅通，维持呼吸功能。需要特别注意的是：解磷定对缓解氨基甲酸酯类农药中毒症状不但无益，反而有不良反应。因而，此类农药中毒切不可用解磷定。

693 拟除虫菊酯的中毒症状及急救措施是什么？

拟除虫菊酯类农药是一种神经毒剂，作用于神经膜，可改变神经膜的通透性，干扰神经传导而产生中毒。但是这类农药在哺乳类肝脏酶的作用下能水解和氧化，且大部分代谢物可迅速排出体外。

（1）中毒症状。①经口中毒症状。经口引起中毒的轻度症状为头痛、头昏、恶心呕吐、上腹部灼痛感、乏力、食欲缺乏、胸闷、流涎等。中度中毒症状除上述症状外还出现意识蒙眬，口、鼻、气管分泌物增多，双手颤抖，肌肉跳动，心律不齐，呼吸感到有些困难。重度症状为呼吸困难，肺内水泡音，四肢阵发性抽搐或惊厥，意识丧失，严重者深度昏迷或休克，危重时会出现反复强直性抽搐引起喉部痉挛而窒息死亡。②经皮中毒症状。皮肤发红、发辣、发痒、发麻，严重的出现红疹、水疱、糜烂。眼睛受农药侵入后表现结膜充血，疼痛、怕光、流泪、眼睑红肿。

（2）急救。对经口中毒者应立即催吐，洗胃。对经皮中毒者应立即用肥皂水、清水冲洗皮肤，皮炎可用炉甘石洗剂或2%～3%硼酸水湿敷；眼睛沾染农药用大量清水或生理盐水冲洗，口服扑尔敏、苯海拉明等。

（3）治疗。无特效解毒药，只能对症下药治疗。①对躁动不安、抽搐、惊厥者，可用安定10～20mg肌注或静注；或用镇静剂苯巴比妥钠0.1～0.2g肌注；必要时4～6h重复使用一次。②对流口水多者可用阿托品抑制唾液分泌。③对呼吸困难者，应给予吸氧，还应注意保持呼吸道畅通。④对脑水肿者可用20%甘露醇或25%山梨醇250mL静滴或静注；或用地塞米松10～20mL或氢化可的松200mg加入10%葡萄糖溶液100～200mL静滴。

694 抗凝血杀鼠剂的中毒症状及急救措施是什么？

抗凝血杀鼠剂的毒作用是竞争性抑制维生素K，从而影响凝血酶原及部分凝血因子的合成，导致凝血时间和凝血酶原时间延长。同时，其代谢产物亚苄基丙酮可引起毛细血管损害，导致临床上出血症状。

（1）临床表现。潜伏期一般较长，大多数1～3天后才出现出血症状。误食抗凝血杀鼠剂后即可出现恶心、呕吐、食欲缺乏等症状。出血症状：可见鼻出血、牙龈出血、皮肤紫癜、咯血、便血、尿血等全身广泛性出血，可伴有关节疼痛、腹痛、低热等症状。

（2）治疗

① 清除毒物。口服中毒者应及早催吐、清水洗胃导泻。皮肤污染者用清水彻底冲洗。

② 特效解毒剂。维生素K_1 10～20mg肌内注射。严重者可用维生素K_1 120mg

加入葡萄糖溶液中静脉滴注，日总量可达 300mg，症状改善后可改用 10～20mg 肌内注射。维生素 K_3、维生素 K_4、卡巴克洛、氨甲苯酸等药物无效。

③ 输新鲜血。对出血严重者，可输新鲜血液、新鲜冷冻血浆或凝血酶原复合浓缩物（主要含凝血因子Ⅱ、Ⅶ、Ⅸ、Ⅹ）以迅速止血。

④ 中毒严重者可用肾上腺皮质激素以降低毛细血管通透性，促进止血，保护血小板和凝血因子。

695 敌敌畏的中毒症状及急救措施是什么？

敌敌畏因吸入或误服或用来自杀而中毒。

（1）中毒症状。头晕、头痛、恶心呕吐、腹痛、腹泻、流口水，瞳孔缩小，看东西模糊，大量出汗、呼吸困难。严重者，全身紧束感、胸部压缩感，肌肉跳动，动作不自主。发音不清，瞳孔缩小如针尖大或不等大，抽搐、昏迷、大小便失禁，脉搏和呼吸都减慢，最后均停止。

（2）急救措施。①服敌敌畏后应立即彻底洗胃，神志清楚者口服清水或2%小苏达水 400～500mL，接着用筷子刺激咽喉部，使其呕吐，反复多次，直至洗出来的液体无敌敌畏味为止。②呼吸困难者吸氧，大量出汗者喝淡盐水，肌肉抽搐可肌内注射安定 10mg。及时清理口鼻分泌物，保持呼吸道通畅。③阿托品，轻者 0.5～1mg/次皮下注射，隔 30min 至 2h1 次；中度者皮下注射 1～2mg/次，隔15～60min 1 次；重度者即刻静脉注射 2～5mg，以后每次 1～2mg，隔 15～30min 1 次，病情好转可逐渐减量和延长用药间隔时间。氯磷定与阿托品合用，药效有协同作用，可减少阿托品用量。

696 毒死蜱的中毒症状及急救措施是什么？

（1）中毒症状。急性中毒多因误食引起，约半小时到数小时可发病，轻度中毒：全身不适，头痛、头昏、无力、视力模糊、呕吐、出汗、流涎、嗜睡等，有时有肌肉震颤，偶有腹泻。中度中毒：除上述症状外，还出现剧烈呕吐、腹痛、烦躁不安、抽搐、呼吸困难等。重度中毒：癫痫样抽搐。急性中毒多在 12h 内发病，误服者立即发病。

（2）急救措施。①用阿托品 1～5mg 皮下或静脉注射（按中毒轻重而定）；②用解磷定 0.4～1.2g 静脉注射（按中毒轻重而定）；③禁用吗啡、茶碱、吩噻嗪、利血平。

697 三唑磷的中毒症状及急救措施是什么？

（1）中毒症状。急性中毒多在 12h 内发病，口服立即发病。轻度：头痛、头昏、恶心、呕吐、多汗、无力、胸闷、视力模糊、胃口不佳等，全血胆碱酯酶活力一般降至正常值的 70%～50%。中度：除上述症状外，还出现轻度呼吸困难、肌肉震颤、瞳孔缩小、精神恍惚、行走不稳、大汗、流涎、腹疼、腹泻。重者还会出现昏迷、抽搐、呼吸困难、口吐白沫、大小便失禁、惊厥、呼吸麻痹。

(2) 急救措施。①用阿托品 1～5mg 皮下或静脉注射（按中毒轻重而定）；②用解磷定 0.4～1.2g 静脉注射（按中毒轻重而定）；③禁用吗啡、茶碱、吩噻嗪、利血平；④误服立即引吐、洗胃、导泻（清醒时才能引吐）。

698 辛硫磷的中毒症状及急救措施是什么？

(1) 中毒症状。急性中毒多在 12h 内发病，口服立即发病。轻度：头痛、头昏、恶心、呕吐、多汗、无力、胸闷、视力模糊、胃口不佳等，全血胆碱酯酶活力一般降至正常值的 70%～50%。中度：除上述症状外，还出现轻度呼吸困难、肌肉震颤、瞳孔缩小、精神恍惚、行走不稳、大汗、流涎、腹疼、腹泻。重者还会出现昏迷、抽搐、呼吸困难、口吐白沫、大小便失禁、惊厥、呼吸麻痹。

(2) 急救措施。①用阿托品 1～5mg 皮下或静脉注射（按中毒轻重而定）；②用解磷定 0.4～1.2g 静脉注射（按中毒轻重而定）；③禁用吗啡、茶碱、吩噻嗪、利血平；④误服立即引吐、洗胃、导泻（清醒时才能引吐）。

699 丙溴磷的中毒症状及急救措施是什么？

(1) 中毒症状。急性中毒多在 12h 内发病，口服立即发病。轻度：头痛、头昏、恶心、呕吐、多汗、无力、胸闷、视力模糊、胃口不佳等，全血胆碱酯酶活力一般降至正常值的 70%～50%。中度：除上述症状外，还出现轻度呼吸困难、肌肉震颤、瞳孔缩小、精神恍惚、行走不稳、大汗、流涎、腹疼、腹泻。重者还会出现昏迷、抽搐、呼吸困难、口吐白沫、大小便失禁，惊厥，呼吸麻痹。

(2) 急救措施。①用阿托品 1～5mg 皮下或静脉注射（按中毒轻重而定）；②用解磷定 0.4～1.2g 静脉注射（按中毒轻重而定）；③禁用吗啡、茶碱、吩噻嗪、利血平；④误服立即引吐、洗胃、导泻（清醒时才能引吐）。

700 马拉硫磷的中毒症状及急救措施是什么？

(1) 中毒症状。急性中毒多在 12h 内发病，口服立即发病。轻度：头痛、头昏、恶心、呕吐、多汗、无力、胸闷、视力模糊、胃口不佳等，全血胆碱酯酶活力一般降至正常值的 70%～50%。中度：除上述症状外，还出现轻度呼吸困难、肌肉震颤、瞳孔缩小、精神恍惚、行走不稳、大汗、流涎、腹疼、腹泻。重者还会出现昏迷、抽搐、呼吸困难、口吐白沫、大小便失禁、惊厥、呼吸麻痹。

(2) 急救措施。①用阿托品 1～5mg 皮下或静脉注射（按中毒轻重而定）；②用解磷定 0.4～1.2g 静脉注射（按中毒轻重而定）；③禁用吗啡、茶碱、吩噻嗪、利血平；④误服立即引吐、洗胃、导泻（清醒时才能引吐）。

701 杀扑磷的中毒症状及急救措施是什么？

(1) 中毒症状。急性中毒多在 12h 内发病，口服立即发病。轻度：头痛、头昏、恶心、呕吐、多汗、无力、胸闷、视力模糊、胃口不佳等，全血胆碱酯酶活力一般降至正常值的70%～50%。中度：除上述症状外，还出现轻度呼吸困难、肌肉震颤、瞳孔缩小、精神恍惚、行走不稳、大汗、流涎、腹疼、腹泻。重者还会出现昏迷、抽搐、呼吸困难、口吐白沫、大小便失禁、惊厥、呼吸麻痹。

（2）急救措施。①用阿托品1～5mg皮下或静脉注射（按中毒轻重而定）；②用解磷定0.4～1.2g静脉注射（按中毒轻重而定）；③禁用吗啡、茶碱、吩噻嗪、利血平；④误服立即引吐、洗胃、导泻（清醒时才能引吐）。

702 灭多威的中毒症状及急救措施是什么？

（1）中毒症状。头昏、头痛、乏力、面色苍白、呕吐、多汗、流涎、瞳孔缩小、视力模糊。严重者出现血压下降、意识不清，皮肤出现接触性皮炎如风疹，局部红肿奇痒，眼结膜充血、流泪、胸闷、呼吸困难等。中毒症状出现快，一般几分钟至1h即表现出来。

（2）急救措施。用阿托品0.5～2mg口服或肌内注射，重者加用肾上腺素。禁用解磷定，氯磷定、双复磷、吗啡。

703 丁硫克百威的中毒症状及急救措施是什么？

（1）中毒症状。头昏、头痛、乏力、面色苍白、呕吐、多汗、流涎、瞳孔缩小、视力模糊。严重者出现血压下降、意识不清，皮肤出现接触性皮炎如风疹，局部红肿奇痒，眼结膜充血、流泪、胸闷、呼吸困难等。中毒症状出现快，一般几分钟至1h即表现出来。

（2）急救措施。用阿托品0.5～2mg口服或肌内注射，重者加用肾上腺素。禁用解磷定、氯磷定、双复磷、吗啡。

704 杀虫单的中毒症状及急救措施是什么？

（1）中毒症状。早期中毒为恶心、四肢发抖，继而全身发抖，流涎，痉挛，呼吸困难，瞳孔放大。

（2）急救措施。如中毒用碱性液体彻底洗胃或冲洗皮肤。毒蕈碱样症状明显者可用阿托品类药物对抗，但注意防止过量。忌用胆碱酯酶复能剂。

705 高效氯氰菊酯的中毒症状及急救措施是什么？

（1）中毒症状。属神经毒剂，接触部位皮肤感到刺痛，尤其是在口、鼻周围，但无红斑。很少引起全身性中毒。接触量大时会引起头痛、头昏、恶心、呕吐、双手颤抖，全身抽搐或惊厥、昏迷、休克。

（2）急救措施。①无特殊解毒剂，可对症治疗。②大量吞服时可洗胃。③不能催吐。

706 高效氯氟氰菊酯的中毒症状及急救措施是什么？

（1）中毒症状。属神经毒剂，接触部位皮肤感到刺痛，尤其是在口、鼻周围，但无红斑。很少引起全身性中毒。接触量大时会引起头痛、头昏、恶心、呕吐、双手颤抖，全身抽搐或惊厥、昏迷、休克。

（2）急救措施。①无特殊解毒剂，可对症治疗。②大量吞服时可洗胃。③不能催吐。

707 氯氰菊酯的中毒症状及急救措施是什么？

（1）中毒症状。属神经毒剂，接触部位皮肤感到刺痛，尤其是在口、鼻周围，但无红斑。很少引起全身性中毒。接触量大时也会引起头痛，头昏，恶心、呕吐，双手颤抖，重者抽搐或惊厥、昏迷、休克。

（2）急救措施。①无特殊解毒剂，可对症治疗。②大量吞服时可洗胃。③不能催吐。

708 百草枯的中毒症状是什么？

吞服百草枯后立即发病，口腔和咽喉立即有烧灼感，口腔和咽喉因被腐蚀造成溃疡。随之就发生恶心、呕吐、胃疼，以后就胸闷，呼吸时伴有泡沫。严重病人即可因肺水肿及急性肾衰竭而死亡。不太严重的病人则表现有肝、肾功能受损的体征。可能发生焦虑、共济失调、痉挛。即使病人在第一周末可能表现出一些好转征状，但可能会出现肺纤维化体征，逐渐有进行性的呼吸不足与缺氧性肺衰竭。

709 敌草快的中毒症状是什么？

敌草快的中毒较少见。百草枯的使用和误用情况与特点也适合于敌草快。吞服后立即发病。敌草快对口腔和咽喉也有腐蚀作用。严重病例在数小时内呕吐与腹泻。发现肝功能受损及蛋白尿，代谢性酸中毒，血小板减少和无尿。随之发生失去定向和痉挛，严重病人在一周内因肾衰和心衰而死亡。如能恢复则通常很彻底。敌草快摄入后不会像百草枯那样发生进行性肺病变。

710 溴甲烷的中毒症状及急救措施是什么？

（1）中毒症状。吸入高浓度溴甲烷可因呼吸抑制而猝死。多数病例均有20min到48h潜伏期，长者可达3～5天。轻度中毒有头晕、头痛、全身乏力、嗜睡、食欲减退、恶心、呕吐、口吃、发音不清、酒醉状、步态不稳、视物模糊、复视等，亦可有轻度肾损害。重度中毒表现为上述症状加重，出现脑水肿，呈昏迷、抽搐甚至癫痫持续状态，中枢性呼吸衰竭，小脑性共济失调，精神症状如淡漠、谵妄、躁狂、幻觉、妄想、定向障碍、行为异常；部分病例可有多发性周围神经病变、肺水肿、心律失常、肾衰竭。皮肤接触溴甲烷液体可有红斑、水疱性皮炎等。

（2）对症及综合治疗。①轻度中毒以对症治疗为主，镇静忌用溴剂，可用地西泮。高渗葡萄糖加较大剂量维生素C（3～4g）静脉注射或静脉滴注，有助于溴甲烷的排出，但对有可能发展为脑、肺水肿者要注意限制输液量和输液速度，并使液体出入量暂处于负平衡。②严重中毒以肺水肿表现为主者，采用以糖皮质激素为主的综合治疗；以神经系统中毒表现为主者，积极控制急性中毒性脑病，其中以抗脑水肿和控制抽搐最为重要，中枢性呼吸衰竭者可配合使用纳洛酮，必要时，尚可配合使用高压氧治疗；发生急性肾衰竭应做血液或腹膜透析治疗，并注意纠治酸碱和电解质代谢失衡。③防治代谢性酸中毒及实质脏器损害，一般采用5%碳酸氢钠液，根据血气分析或CO_2结合力的检测结果计算其用量，做静脉注射。心、肝、肾中毒性损害均做对症处理。此外，尚应加强支持治疗，提供代谢所需足够的能量。

711 蜜蜂中毒的急救措施是什么？

首先将蜂群撤离毒物区，同时清除混有毒物的饲料，并立即用1∶1的糖浆和甘草水进行补充饲喂。如有机磷农药引起中毒时，每群蜂可用500g蜜水加4mL1%硫酸阿托品或2mL解磷定加水1～1.5kg，拌匀后施喂。

参考文献

[1] 赵桂芝．鼠药应用技术．北京：化学工业出版社，1999.

[2] 袁会珠．农药使用技术指南．北京：化学工业出版社，2004.

[3] 徐汉虹．植物化学保护学第 4 版．北京：中国农业出版社，2007.

[4] 屠豫钦．农药剂型与制剂及使用方法．北京：金盾出版社，2007.

[5] 丁伟．螨类控制剂．北京：化学工业出版社，2011.

[6] 骆焱平，王兰英，张小军．冬季瓜菜安全用药技术．北京：化学工业出版社，2012.

[7] 骆焱平，曾志刚．新编简明农药使用手册．北京：化学工业出版社，2016.

[8] 唐韵．杀线虫剂的类型与品种．农药市场信息，2004，04：25.

[9] 唐韵．杀软体动物剂的类型与品种．农药市场信息，2003，19：26.

附录一

农业部禁用、限用农药公告

一、 农业部公告第194号

在2000年对甲胺磷等5种高毒有机磷农药加强登记管理的基础上，再停止受理一批高毒、剧毒农药登记申请，撤销一批高毒农药在一些作物上的登记。现将有关事项公告如下：

（一）停止受理甲拌磷等11种高毒、剧毒农药新增登记

自公告之日起，停止受理甲拌磷（phorate）、氧乐果（omethoate）、水胺硫磷（isocarbophos）、特丁硫磷（terbufos）、甲基硫环磷（phosfolan-methyl）、治螟磷（sulfotep）、甲基异柳磷（isofenphos-methyl）、内吸磷（demeton）、涕灭威（aldicarb）、克百威（carbofuran）、灭多威（methomyl）等11种高毒、剧毒农药（包括混剂）产品的新增临时登记申请；已受理的产品，其申请者在3个月内，未补齐有关资料的，则停止批准登记。通过缓释技术等生产的低毒化剂型，或用于种衣剂、杀线虫剂的，经农业部农药临时登记评审委员会专题审查通过，可以受理其临时登记申请。对已经批准登记的农药（包括混剂）产品，我部将商有关部门，根据农业生产实际和可持续发展的要求，分批分阶段限制其使用作物。

（二）停止批准高毒、剧毒农药分装登记

自公告之日起，停止批准含有高毒、剧毒农药产品的分装登记。对已批准分装登记的产品，其农药临时登记证到期不再办理续展登记。

（三）撤销部分高毒农药在部分作物上的登记

自2002年6月1日起，撤销下列高毒农药（包括混剂）在部分作物上的登记：氧乐果在甘蓝上，甲基异柳磷在果树上，涕灭威在苹果树上，克百威在柑桔树上，甲拌磷在柑桔树上，特丁硫磷在甘蔗上。

所有涉及以上产品撤销登记产品的农药生产企业，须在本公告发布之日起3个月之内，将撤销登记产品的农药登记证（或农药临时登记证）交回农业部农药检定所；如果撤销登记产品还取得了在其他作物上的登记，应携带新设计的标签和农药登记证（或农药临时登记证），向农业部农药检定所更换新的农药登记证（或农药

临时登记证）。

2002 年 4 月 22 日

二、 农业部公告第 199 号

对甲胺磷等 5 种高毒有机磷农药加强登记管理的基础上，又停止受理一批高毒、剧毒农药的登记申请，撤销一批高毒农药在一些作物上的登记。现公布国家明令禁止使用的农药和不得在蔬菜、果树、茶叶、中草药材上使用的高毒农药品种清单。

（一）国家明令禁止使用的农药

六六六（HCH），滴滴涕（DDT），毒杀芬（camphechlor），二溴氯丙烷（dibromochloropane），杀虫脒（chlordimeform），二溴乙烷（EDB），除草醚（nitrofen），艾氏剂（aldrin），狄氏剂（dieldrin），汞制剂（Mercury compounds），砷（arsena）、铅（acetate）类，敌枯双，氟乙酰胺（fluoroacetamide），甘氟（gliftor），毒鼠强（tetramine），氟乙酸钠（sodium fluoroacetate），毒鼠硅（silatrane）。

（二）在蔬菜、果树、茶叶、中草药材上不得使用和限制使用的农药

甲胺磷（methamidophos），甲基对硫磷（parathion-methyl），对硫磷（parathion），久效磷（monocrotophos），磷胺（phosphamidon），甲拌磷（phorate），甲基异柳磷（isofenphos-methyl），特丁硫磷（terbufos），甲基硫环磷（phosfolan-methyl），治螟磷（sulfotep），内吸磷（demeton），克百威（carbofuran），涕灭威（aldicarb），灭线磷（ethoprophos），硫环磷（phosfolan），蝇毒磷（coumaphos），地虫硫磷（fonofos），氯唑磷（isazofos），苯线磷（fenamiphos）19 种高毒农药不得用于蔬菜、果树、茶叶、中草药材上。三氯杀螨醇（dicofol），氰戊菊酯（fenvalerate）不得用于茶树上。任何农药产品都不得超出农药登记批准的使用范围使用。

2002 年 5 月 24 日

三、 农业部公告第 274 号

撤销甲胺磷等 5 种高毒农药混配制剂登记，撤销丁酰肼在花生上的登记，强化杀鼠剂管理。现将有关事项公告如下：

（一）撤销甲胺磷等 5 种高毒有机磷农药混配制剂登记。自 2003 年 12 月 31 日起，撤销所有含甲胺磷、对硫磷、甲基对硫磷、久效磷和磷胺 5 种高毒有机磷农药的混配制剂的登记（具体名单由农业部农药检定所公布）。自公告之日起，不再批

准含以上5种高毒有机磷农药的混配制剂和临时登记有效期超过4年的单剂的续展登记。自2004年6月30日起，不得在市场上销售含以上5种高毒有机磷农药的混配制剂。

（二）撤销丁酰肼在花生上的登记。自公告之日起，撤销丁酰肼（比久）在花生上的登记，不得在花生上使用含丁酰肼（比久）的农药产品。相关农药生产企业在2003年6月1日前到农业部农药检定所换取农药临时登记证。

（三）自2003年6月1日起，停止批准杀鼠剂分装登记，以批准的杀鼠剂分装登记不再批准续展登记。

2003年4月30日

四、 农业部公告第322号

分三个阶段削减甲胺磷、对硫磷、甲基对硫磷、久效磷和磷胺5种高毒有机磷农药（以下简称甲胺磷等5种高毒有机磷农药）的使用，自2007年1月1日起，全面禁止甲胺磷等5种高毒有机磷农药在农业上使用。现将有关事项公告如下：

（一）自2004年1月1日起，撤销所有含甲胺磷等5种高毒有机磷农药的复配产品的登记证（具体名单另行公布）。自2004年6月30日起，禁止在国内销售和使用含有甲胺磷等5种高毒有机磷农药的复配产品。

（二）自2005年1月1日起，除原药生产企业外，撤销其他企业含有甲胺磷等5种高毒有机磷农药的制剂产品的登记证（具体名单另行公布）。同时将原药生产企业保留的甲胺磷等5种高毒有机磷农药的制剂产品的作用范围缩减为：棉花、水稻、玉米和小麦4种作物。

（三）自2007年1月1日起，撤销含有甲胺磷等5种高毒有机磷农药的制剂产品的登记证（具体名单另行公布），全面禁止甲胺磷等5种高毒有机磷农药在农业上使用，只保留部分生产能力用于出口。

2003年12月30日

五、 农业部公告第671号

对含甲磺隆、氯磺隆和胺苯磺隆等除草剂产品实行以下管理措施。

（一）自2006年6月1日起，停止批准新增含甲磺隆、氯磺隆和胺苯磺隆等除草剂产品（包括原药、单剂和复配制剂）的登记。对已批准田间试验或已受理登记申请的产品，相关生产企业应在规定的期限前提交相应的资料。在规定期限内未获得批准的产品不再继续审查。

（二）各甲磺隆、氯磺隆和胺苯磺隆原药生产企业，要提高产品质量，严格控制杂质含量。要重新提交原药产品标准和近两年的全分析报告，于2006年12月31日前，向我部申请复核。对甲磺隆含量低于96%、氯磺隆含量低于95%、胺苯磺隆含量低于95%、杂质含量过高的，要限期改进生产工艺。在2007年12月31日前不能达标的，将依法撤销其登记。

（三）已批准在小麦上登记的含有甲磺隆、氯磺隆的产品，其农药登记证和产品标签上应注明“仅限于长江流域及其以南、酸性土壤（pH<7）、稻麦轮作区的小麦田使用”。产品的用药量以甲磺隆有效成分计不得超过 7.5g/hm^2，以氯磺隆有效成分计不得超过 15g/hm^2。混配产品中各有效成分的使用剂量单独计算。

已批准在小麦上登记的含甲磺隆、氯磺隆的产品，对于原批准的使用剂量低限超出本公告规定最高使用剂量的，不再批准续展登记。对于原批准的使用剂量高限超出本公告规定的最高剂量而低限未超出的，可批准续展登记。但要按本公告的规定调整批准使用剂量，控制产品最佳使用时期和施药方法。相关企业应按重新核定的使用剂量和施药时期设计标签。必要时，应要求生产企业按新批准使用剂量进行一年三地田间药效验证试验，根据试验结果决定是否再批准续展登记。

（四）已批准在水稻上登记的含甲磺隆的产品，其农药登记证和产品标签上应注明“仅限于酸性土壤（pH<7）及高温高湿的南方稻区使用”，用药量以甲磺隆计不得超过 3g/hm^2，水稻 4 叶期前禁止用药。

（五）已取得含甲磺隆、氯磺隆、胺苯磺隆等产品登记的生产企业，申请续展登记时应提交原药来源证明和产品标签。2006 年 12 月 31 日以后生产的产品，其标签内容应符合《农药产品标签通则》和《磺酰脲类除草剂合理使用准则》等规定，要在明显位置以醒目的方式详细说明产品限定使用区域、严格限定后茬种植的作物及使用时期等安全注意事项。

含有甲磺隆、氯磺隆和胺苯磺隆产品的生产企业，如欲扩大后茬可种植作物的范围，需要提交对后茬作物室内和田间的安全性试验评估资料。经对资料进行评审后，表明其对试验的后茬作物安全，将允许在产品标签中增加标明可种植的后茬作物等项目。

本公告自发布之日起实施，我部于 2005 年 4 月 28 日发布的第 494 号公告同时废止。

2006 年 6 月 13 日

六、 农业部公告第 747 号

对含有八氯二丙醚农药产品的管理。现公告如下：

（一）自本公告发布之日起，停止受理和批准含有八氯二丙醚的农药产品登记。

（二）自 2007 年 3 月 1 日起，撤销已经批准的所有含有八氯二丙醚的农药产品登记。

（三）自 2008 年 1 月 1 日起，不得销售含有八氯二丙醚的农药产品。对已批准登记的农药产品，如果发现含有八氯二丙醚成分，我部将根据《农药管理条例》有关规定撤销其农药登记。

2006 年 11 月 20 日

七、 农业部公告第 1157 号

加强氟虫腈管理的有关事项公告如下：

（一）自本公告发布之日起，除卫生用、玉米等部分旱田种子包衣剂和专供出口产品外，停止受理和批准用于其他方面含氟虫腈成分农药制剂的田间试验、农药登记（包括正式登记、临时登记、分装登记）和生产批准证书。

（二）自2009年4月1日起，除卫生用、玉米等部分旱田种子包衣剂和专供出口产品外，撤销已批准的用于其他方面含氟虫腈成分农药制剂的登记和（或）生产批准证书。同时，农药生产企业应当停止生产已撤销登记和生产批准证书的农药制剂。

（三）自2009年10月1日起，除卫生用、玉米等部分旱田种子包衣剂外，在我国境内停止销售和使用用于其他方面的含氟虫腈成分的农药制剂。农药生产企业和销售单位应当确保所销售的相关农药制剂使用安全，并妥善处置市场上剩余的相关农药制剂。

（四）专供出口含氟虫腈成分的农药制剂只能由氟虫腈原药生产企业生产。生产企业应当办理生产批准证书和专供出口的农药登记证或农药临时登记证。

（五）在我国境内生产氟虫腈原药的生产企业，其建设项目环境影响评价文件依法获得有审批权的环境保护行政主管部门同意后，方可申请办理农药登记和生产批准证书。已取得农药登记和生产批准证书的生产企业，要建立可追溯的氟虫腈生产、销售记录，不得将含有氟虫腈的产品销售给未在我国取得卫生用、玉米等部分旱田种子包衣剂农药登记和生产批准证书的生产企业。

2009年2月25日

八、农业部、工业和信息化部、环境保护部、国家工商行政管理总局、国家质量监督检验检疫总局联合公告第1586号

对高毒农药采取进一步禁限用管理措施。现将有关事项公告如下：

（一）自本公告发布之日起，停止受理苯线磷、地虫硫磷、甲基硫环磷、磷化钙、磷化镁、磷化锌、硫线磷、蝇毒磷、治螟磷、特丁硫磷、杀扑磷、甲拌磷、甲基异柳磷、克百威、灭多威、灭线磷、涕灭威、磷化铝、氧乐果、水胺硫磷、溴甲烷、硫丹等22种农药新增田间试验申请、登记申请及生产许可申请；停止批准含有上述农药的新增登记证和农药生产许可证（生产批准文件）。

（二）自本公告发布之日起，撤销氧乐果、水胺硫磷在柑橘树，灭多威在柑橘树、苹果树、茶树、十字花科蔬菜，硫线磷在柑橘树、黄瓜，硫丹在苹果树、茶树，溴甲烷在草莓、黄瓜上的登记。本公告发布前已生产产品的标签可以不再更改，但不得继续在已撤销登记的作物上使用。

（三）自2011年10月31日起，撤销（撤回）苯线磷、地虫硫磷、甲基硫环磷、磷化钙、磷化镁、磷化锌、硫线磷、蝇毒磷、治螟磷、特丁硫磷等10种农药的登记证、生产许可证（生产批准文件），停止生产；自2013年10月31日起，停止销售和使用。

2011年6月15日

九、 农业部、 工业和信息化部、 国家质量监督检验检疫总局公告第1745号

对百草枯采取限制性管理措施。现将有关事项公告如下：

（一）自本公告发布之日起，停止核准百草枯新增母药生产、制剂加工厂点，停止受理母药和水剂（包括百草枯复配水剂，下同）新增田间试验申请、登记申请及生产许可（包括生产许可证和生产批准文件，下同）申请，停止批准新增百草枯母药和水剂产品的登记和生产许可。

（二）自2014年7月1日起，撤销百草枯水剂登记和生产许可、停止生产，保留母药生产企业水剂出口境外使用登记、允许专供出口生产，2016年7月1日停止水剂在国内销售和使用。

（三）重新核准标签，变更农药登记证和农药生产批准文件。标签在原有内容基础上增加急救电话等内容，醒目标注警示语。农药登记证和农药生产批准文件在原有内容基础上增加母药生产企业名称等内容。百草枯生产企业应当及时向有关部门申请重新核准标签、变更农药登记证和农药生产批准文件。自2013年1月1日起，未变更的农药登记证和农药生产批准文件不再保留，未使用重新核准标签的产品不得上市，已在市场上流通的原标签产品可以销售至2013年12月31日。

（四）各生产企业要严格按照标准生产百草枯产品，添加足量催吐剂、臭味剂、着色剂，确保产品质量。

（五）生产企业应当加强百草枯的使用指导及中毒救治等售后服务，鼓励使用小口径包装瓶，鼓励随产品配送必要的医用活性炭等产品。

2012年4月24日

十、 农业部公告第2032号

对氯磺隆、胺苯磺隆、甲磺隆、福美胂、福美甲胂、毒死蜱和三唑磷等7种农药采取进一步禁限用管理措施。现将有关事项公告如下。

（一）自2013年12月31日起，撤销氯磺隆（包括原药、单剂和复配制剂，下同）的农药登记证，自2015年12月31日起，禁止氯磺隆在国内销售和使用。

（二）自2013年12月31日起，撤销胺苯磺隆单剂产品登记证，自2015年12月31日起，禁止胺苯磺隆单剂产品在国内销售和使用；自2015年7月1日起撤销胺苯磺隆原药和复配制剂产品登记证，自2017年7月1日起，禁止胺苯磺隆复配制剂产品在国内销售和使用。

（三）自2013年12月31日起，撤销甲磺隆单剂产品登记证，自2015年12月31日起，禁止甲磺隆单剂产品在国内销售和使用；自2015年7月1日起撤销甲磺隆原药和复配制剂产品登记证，自2017年7月1日起，禁止甲磺隆复配制剂产品在国内销售和使用；保留甲磺隆的出口境外使用登记，企业可在2015年7月1日前，申请将现有登记变更为出口境外使用登记。

（四）自本公告发布之日起，停止受理福美胂和福美甲胂的农药登记申请，停止批准福美胂和福美甲胂的新增农药登记证；自2013年12月31日起，撤销福美胂和福美甲胂的农药登记证，自2015年12月31日起，禁止福美胂和福美甲胂在国内销售和使用。

（五）自本公告发布之日起，停止受理毒死蜱和三唑磷在蔬菜上的登记申请，停止批准毒死蜱和三唑磷在蔬菜上的新增登记；自2014年12月31日起，撤销毒死蜱和三唑磷在蔬菜上的登记，自2016年12月31日起，禁止毒死蜱和三唑磷在蔬菜上使用。

十一、农业部公告第2289号

对杀扑磷等3种农药采取以下管理措施。现公告如下。

（一）自2015年10月1日起，撤销杀扑磷在柑橘树上的登记，禁止杀扑磷在柑橘树上使用。

（二）自2015年10月1日起，将溴甲烷、氯化苦的登记使用范围和施用方法变更为土壤熏蒸，撤销除土壤熏蒸外的其他登记。溴甲烷、氯化苦应在专业技术人员指导下使用。

2015年8月22日

十二、农业部公告第2445号

对2,4-滴丁酯、百草枯、三氯杀螨醇、氟苯虫酰胺、克百威、甲拌磷、甲基异柳磷、磷化铝等8种农药采取以下管理措施。现公告如下。

（一）自本公告发布之日起，不再受理、批准2,4-滴丁酯（包括原药、母药、单剂、复配制剂，下同）的田间试验和登记申请；不再受理、批准2,4-滴丁酯境内使用的续展登记申请。保留原药生产企业2,4-滴丁酯产品的境外使用登记，原药生产企业可在续展登记时申请将现有登记变更为仅供出口境外使用登记。

（二）自本公告发布之日起，不再受理、批准百草枯的田间试验、登记申请，不再受理、批准百草枯境内使用的续展登记申请。保留母药生产企业产品的出口境外使用登记，母药生产企业可在续展登记时申请将现有登记变更为仅供出口境外使用登记。

（三）自本公告发布之日起，撤销三氯杀螨醇的农药登记，自2018年10月1日起，全面禁止三氯杀螨醇销售、使用。

（四）自本公告发布之日起，撤销氟苯虫酰胺在水稻作物上使用的农药登记；自2018年10月1日起，禁止氟苯虫酰胺在水稻作物上使用。

（五）自本公告发布之日起，撤销克百威、甲拌磷、甲基异柳磷在甘蔗作物上使用的农药登记；自2018年10月1日起，禁止克百威、甲拌磷、甲基异柳磷在甘蔗作物上使用。

（六）自本公告发布之日起，生产磷化铝农药产品应当采用内外双层包装。外包装应具有良好密闭性，防水防潮防气体外泄。内包装应具有通透性，便于直接熏蒸使用。内、外包装均应标注高毒标识及“人畜居住场所禁止使用”等注意事项。自 2018 年 10 月 1 日起，禁止销售、使用其他包装的磷化铝产品。

2016 年 9 月 7 日

附录二

农药管理条例

（2017年2月8日国务院第164次常务会议修订通过）

第一章 总 则

第一条 为了加强农药管理，保证农药质量，保障农产品质量安全和人畜安全，保护农业、林业生产和生态环境，制定本条例。

第二条 本条例所称农药，是指用于预防、控制危害农业、林业的病、虫、草、鼠和其他有害生物以及有目的地调节植物、昆虫生长的化学合成或者来源于生物、其他天然物质的一种物质或者几种物质的混合物及其制剂。

前款规定的农药包括用于不同目的、场所的下列各类：

（一）预防、控制危害农业、林业的病、虫（包括昆虫、蜱、螨）、草、鼠、软体动物和其他有害生物；

（二）预防、控制仓储以及加工场所的病、虫、鼠和其他有害生物；

（三）调节植物、昆虫生长；

（四）农业、林业产品防腐或者保鲜；

（五）预防、控制蚊、蝇、蜚蠊、鼠和其他有害生物；

（六）预防、控制危害河流堤坝、铁路、码头、机场、建筑物和其他场所的有害生物。

第三条 国务院农业主管部门负责全国的农药监督管理工作。

县级以上地方人民政府农业主管部门负责本行政区域的农药监督管理工作。

县级以上人民政府其他有关部门在各自职责范围内负责有关的农药监督管理工作。

第四条 县级以上地方人民政府应当加强对农药监督管理工作的组织领导，将农药监督管理经费列入本级政府预算，保障农药监督管理工作的开展。

第五条 农药生产企业、农药经营者应当对其生产、经营的农药的安全性、有效性负责，自觉接受政府监管和社会监督。

农药生产企业、农药经营者应当加强行业自律，规范生产、经营行为。

第六条 国家鼓励和支持研制、生产、使用安全、高效、经济的农药，推进农药专业化使用，促进农药产业升级。

对在农药研制、推广和监督管理等工作中作出突出贡献的单位和个人，按照国家有关规定予以表彰或者奖励。

第二章 农药登记

第七条 国家实行农药登记制度。农药生产企业、向中国出口农药的企业应当依照本条例的规定申请农药登记，新农药研制者可以依照本条例的规定申请农药登记。

国务院农业主管部门所属的负责农药检定工作的机构负责农药登记具体工作。省、自治区、直辖市人民政府农业主管部门所属的负责农药检定工作的机构协助做好本行政区域的农药登记具体工作。

第八条 国务院农业主管部门组织成立农药登记评审委员会，负责农药登记评审。

农药登记评审委员会由下列人员组成：

（一）国务院农业、林业、卫生、环境保护、粮食、工业行业管理、安全生产监督管理等有关部门和供销合作总社等单位推荐的农药产品化学、药效、毒理、残留、环境、质量标准和检测等方面的专家；

（二）国家食品安全风险评估专家委员会的有关专家；

（三）国务院农业、林业、卫生、环境保护、粮食、工业行业管理、安全生产监督管理等有关部门和供销合作总社等单位的代表。

农药登记评审规则由国务院农业主管部门制定。

第九条 申请农药登记的，应当进行登记试验。

农药的登记试验应当报所在地省、自治区、直辖市人民政府农业主管部门备案。

新农药的登记试验应当向国务院农业主管部门提出申请。国务院农业主管部门应当自受理申请之日起40个工作日内对试验的安全风险及其防范措施进行审查，符合条件的，准予登记试验；不符合条件的，书面通知申请人并说明理由。

第十条 登记试验应当由国务院农业主管部门认定的登记试验单位按照国务院农业主管部门的规定进行。

与已取得中国农药登记的农药组成成分、使用范围和使用方法相同的农药，免予残留、环境试验，但已取得中国农药登记的农药依照本条例第十五条的规定在登记资料保护期内的，应当经农药登记证持有人授权同意。

登记试验单位应当对登记试验报告的真实性负责。

第十一条 登记试验结束后，申请人应当向所在地省、自治区、直辖市人民政府农业主管部门提出农药登记申请，并提交登记试验报告、标签样张和农药产品质量标准及其检验方法等申请资料；申请新农药登记的，还应当提供农药标准品。

省、自治区、直辖市人民政府农业主管部门应当自受理申请之日起20个工作日内提出初审意见，并报送国务院农业主管部门。

向中国出口农药的企业申请农药登记的，应当持本条第一款规定的资料、农药标准品以及在有关国家（地区）登记、使用的证明材料，向国务院农业主管部门提出申请。

第十二条 国务院农业主管部门受理申请或者收到省、自治区、直辖市人民政府农业主管部门报送的申请资料后，应当组织审查和登记评审，并自收到评审意见之日起20个工作日内作出审批决定，符合条件的，核发农药登记证；不符合条件的，书面通知申请人并说明理由。

第十三条 农药登记证应当载明农药名称、剂型、有效成分及其含量、毒性、使用范围、使用方法和剂量、登记证持有人、登记证号以及有效期等事项。

农药登记证有效期为5年。有效期届满，需要继续生产农药或者向中国出口农药的，农药登记证持有人应当在有效期届满90日前向国务院农业主管部门申请延续。

农药登记证载明事项发生变化的，农药登记证持有人应当按照国务院农业主管部门的规定申请变更农药登记证。

国务院农业主管部门应当及时公告农药登记证核发、延续、变更情况以及有关的农药产品质量标准号、残留限量规定、检验方法、经核准的标签等信息。

第十四条 新农药研制者可以转让其已取得登记的新农药的登记资料；农药生产企业可以向具有相应生产能力的农药生产企业转让其已取得登记的农药的登记资料。

第十五条 国家对取得首次登记的、含有新化合物的农药的申请人提交的其自己所取得且未披露的试验数据和其他数据实施保护。

自登记之日起6年内，对其他申请人未经已取得登记的申请人同意，使用前款规定的数据申请农药登记的，登记机关不予登记；但是，其他申请人提交其自己所取得的数据的除外。

除下列情况外，登记机关不得披露本条第一款规定的数据：

（一）公共利益需要；

（二）已采取措施确保该类信息不会被不正当地进行商业使用。

第三章 农药生产

第十六条 农药生产应当符合国家产业政策。国家鼓励和支持农药生产企业采用先进技术和先进管理规范，提高农药的安全性、有效性。

第十七条 国家实行农药生产许可制度。农药生产企业应当具备下列条件，并按照国务院农业主管部门的规定向省、自治区、直辖市人民政府农业主管部门申请农药生产许可证：

（一）有与所申请生产农药相适应的技术人员；

（二）有与所申请生产农药相适应的厂房、设施；

（三）有对所申请生产农药进行质量管理和质量检验的人员、仪器和设备；

（四）有保证所申请生产农药质量的规章制度。

省、自治区、直辖市人民政府农业主管部门应当自受理申请之日起 20 个工作日内作出审批决定，必要时应当进行实地核查。符合条件的，核发农药生产许可证；不符合条件的，书面通知申请人并说明理由。

安全生产、环境保护等法律、行政法规对企业生产条件有其他规定的，农药生产企业还应当遵守其规定。

第十八条 农药生产许可证应当载明农药生产企业名称、住所、法定代表人（负责人）、生产范围、生产地址以及有效期等事项。

农药生产许可证有效期为 5 年。有效期届满，需要继续生产农药的，农药生产企业应当在有效期届满 90 日前向省、自治区、直辖市人民政府农业主管部门申请延续。

农药生产许可证载明事项发生变化的，农药生产企业应当按照国务院农业主管部门的规定申请变更农药生产许可证。

第十九条 委托加工、分装农药的，委托人应当取得相应的农药登记证，受托人应当取得农药生产许可证。

委托人应当对委托加工、分装的农药质量负责。

第二十条 农药生产企业采购原材料，应当查验产品质量检验合格证和有关许可证明文件，不得采购、使用未依法附具产品质量检验合格证、未依法取得有关许可证明文件的原材料。

农药生产企业应当建立原材料进货记录制度，如实记录原材料的名称、有关许可证明文件编号、规格、数量、供货人名称及其联系方式、进货日期等内容。原材料进货记录应当保存 2 年以上。

第二十一条 农药生产企业应当严格按照产品质量标准进行生产，确保农药产品与登记农药一致。农药出厂销售，应当经质量检验合格并附具产品质量检验合格证。

农药生产企业应当建立农药出厂销售记录制度，如实记录农药的名称、规格、数量、生产日期和批号、产品质量检验信息、购货人名称及其联系方式、销售日期等内容。农药出厂销售记录应当保存 2 年以上。

第二十二条 农药包装应当符合国家有关规定，并印制或者贴有标签。国家鼓励农药生产企业使用可回收的农药包装材料。

农药标签应当按照国务院农业主管部门的规定，以中文标注农药的名称、剂型、有效成分及其含量、毒性及其标识、使用范围、使用方法和剂量、使用技术要求和注意事项、生产日期、可追溯电子信息码等内容。

剧毒、高毒农药以及使用技术要求严格的其他农药等限制使用农药的标签还应当标注“限制使用”字样，并注明使用的特别限制和特殊要求。用于食用农产品的农药的标签还应当标注安全间隔期。

第二十三条 农药生产企业不得擅自改变经核准的农药的标签内容，不得在农药的标签中标注虚假、误导使用者的内容。

农药包装过小，标签不能标注全部内容的，应当同时附具说明书，说明书的内容应当与经核准的标签内容一致。

第四章 农药经营

第二十四条 国家实行农药经营许可制度，但经营卫生用农药的除外。农药经营者应当具备下列条件，并按照国务院农业主管部门的规定向县级以上地方人民政府农业主管部门申请农药经营许可证：

（一）有具备农药和病虫害防治专业知识，熟悉农药管理规定，能够指导安全合理使用农药的经营人员；

（二）有与其他商品以及饮用水水源、生活区域等有效隔离的营业场所和仓储场所，并配备与所申请经营农药相适应的防护设施；

（三）有与所申请经营农药相适应的质量管理、台账记录、安全防护、应急处置、仓储管理等制度。

经营限制使用农药的，还应当配备相应的用药指导和病虫害防治专业技术人员，并按照所在地省、自治区、直辖市人民政府农业主管部门的规定实行定点经营。

县级以上地方人民政府农业主管部门应当自受理申请之日起20个工作日内作出审批决定。符合条件的，核发农药经营许可证；不符合条件的，书面通知申请人并说明理由。

第二十五条 农药经营许可证应当载明农药经营者名称、住所、负责人、经营范围以及有效期等事项。

农药经营许可证有效期为5年。有效期届满，需要继续经营农药的，农药经营者应当在有效期届满90日前向发证机关申请延续。

农药经营许可证载明事项发生变化的，农药经营者应当按照国务院农业主管部门的规定申请变更农药经营许可证。

取得农药经营许可证的农药经营者设立分支机构的，应当依法申请变更农药经营许可证，并向分支机构所在地县级以上地方人民政府农业主管部门备案，其分支机构免予办理农药经营许可证。农药经营者应当对其分支机构的经营活动负责。

第二十六条 农药经营者采购农药应当查验产品包装、标签、产品质量检验合格证以及有关许可证明文件，不得向未取得农药生产许可证的农药生产企业或者未取得农药经营许可证的其他农药经营者采购农药。

农药经营者应当建立采购台账，如实记录农药的名称、有关许可证明文件编号、规格、数量、生产企业和供货人名称及其联系方式、进货日期等内容。采购台账应当保存 2 年以上。

第二十七条 农药经营者应当建立销售台账，如实记录销售农药的名称、规格、数量、生产企业、购买人、销售日期等内容。销售台账应当保存 2 年以上。

农药经营者应当向购买人询问病虫害发生情况并科学推荐农药，必要时应当实地查看病虫害发生情况，并正确说明农药的使用范围、使用方法和剂量、使用技术要求和注意事项，不得误导购买人。

经营卫生用农药的，不适用本条第一款、第二款的规定。

第二十八条 农药经营者不得加工、分装农药，不得在农药中添加任何物质，不得采购、销售包装和标签不符合规定，未附具产品质量检验合格证，未取得有关许可证明文件的农药。

经营卫生用农药的，应当将卫生用农药与其他商品分柜销售；经营其他农药的，不得在农药经营场所内经营食品、食用农产品、饲料等。

第二十九条 境外企业不得直接在中国销售农药。境外企业在中国销售农药的，应当依法在中国设立销售机构或者委托符合条件的中国代理机构销售。

向中国出口的农药应当附具中文标签、说明书，符合产品质量标准，并经出入境检验检疫部门依法检验合格。禁止进口未取得农药登记证的农药。

办理农药进出口海关申报手续，应当按照海关总署的规定出示相关证明文件。

第五章 农药使用

第三十条 县级以上人民政府农业主管部门应当加强农药使用指导、服务工作，建立健全农药安全、合理使用制度，并按照预防为主、综合防治的要求，组织推广农药科学使用技术，规范农药使用行为。林业、粮食、卫生等部门应当加强对林业、储粮、卫生用农药安全、合理使用的技术指导，环境保护主管部门应当加强对农药使用过程中环境保护和污染防治的技术指导。

第三十一条 县级人民政府农业主管部门应当组织植物保护、农业技术推广等机构向农药使用者提供免费技术培训，提高农药安全、合理使用水平。

国家鼓励农业科研单位、有关学校、农民专业合作社、供销合作社、农业社会化服务组织和专业人员为农药使用者提供技术服务。

第三十二条 国家通过推广生物防治、物理防治、先进施药器械等措施，逐步减少农药使用量。

县级人民政府应当制定并组织实施本行政区域的农药减量计划；对实施农药减量计划、自愿减少农药使用量的农药使用者，给予鼓励和扶持。

县级人民政府农业主管部门应当鼓励和扶持设立专业化病虫害防治服务组织，并对专业化病虫害防治和限制使用农药的配药、用药进行指导、规范和管理，提高病虫害防治水平。

县级人民政府农业主管部门应当指导农药使用者有计划地轮换使用农药，减缓危害农业、林业的病、虫、草、鼠和其他有害生物的抗药性。

乡、镇人民政府应当协助开展农药使用指导、服务工作。

第三十三条 农药使用者应当遵守国家有关农药安全、合理使用制度，妥善保管农药，并在配药、用药过程中采取必要的防护措施，避免发生农药使用事故。

限制使用农药的经营者应当为农药使用者提供用药指导，并逐步提供统一用药服务。

第三十四条 农药使用者应当严格按照农药的标签标注的使用范围、使用方法和剂量、使用技术要求和注意事项使用农药，不得扩大使用范围、加大用药剂量或者改变使用方法。

农药使用者不得使用禁用的农药。

标签标注安全间隔期的农药，在农产品收获前应当按照安全间隔期的要求停止使用。

剧毒、高毒农药不得用于防治卫生害虫，不得用于蔬菜、瓜果、茶叶、菌类、中草药材的生产，不得用于水生植物的病虫害防治。

第三十五条 农药使用者应当保护环境，保护有益生物和珍稀物种，不得在饮用水水源保护区、河道内丢弃农药、农药包装物或者清洗施药器械。

严禁在饮用水水源保护区内使用农药，严禁使用农药毒鱼、虾、鸟、兽等。

第三十六条 农产品生产企业、食品和食用农产品仓储企业、专业化病虫害防治服务组织和从事农产品生产的农民专业合作社等应当建立农药使用记录，如实记录使用农药的时间、地点、对象以及农药名称、用量、生产企业等。农药使用记录应当保存 2 年以上。

国家鼓励其他农药使用者建立农药使用记录。

第三十七条 国家鼓励农药使用者妥善收集农药包装物等废弃物；农药生产企业、农药经营者应当回收农药废弃物，防止农药污染环境和农药中毒事故的发生。具体办法由国务院环境保护主管部门会同国务院农业主管部门、国务院财政部门等部门制定。

第三十八条 发生农药使用事故，农药使用者、农药生产企业、农药经营者和其他有关人员应当及时报告当地农业主管部门。

接到报告的农业主管部门应当立即采取措施，防止事故扩大，同时通知有关部门采取相应措施。造成农药中毒事故的，由农业主管部门和公安机关依照职责权限组织调查处理，卫生主管部门应当按照国家有关规定立即对受到伤害的人员组织医疗救治；造成环境污染事故的，由环境保护等有关部门依法组织调查处理；造成储粮药剂使用事故和农作物药害事故的，分别由粮食、农业等部门组织技术鉴定和调查处理。

第三十九条 因防治突发重大病虫害等紧急需要，国务院农业主管部门可以决定临时生产、使用规定数量的未取得登记或者禁用、限制使用的农药，必要时应当会同国务院对外贸易主管部门决定临时限制出口或者临时进口规定数量、品种的农药。

前款规定的农药，应当在使用地县级人民政府农业主管部门的监督和指导下使用。

第六章　监督管理

第四十条　县级以上人民政府农业主管部门应当定期调查统计农药生产、销售、使用情况，并及时通报本级人民政府有关部门。

县级以上地方人民政府农业主管部门应当建立农药生产、经营诚信档案并予以公布；发现违法生产、经营农药的行为涉嫌犯罪的，应当依法移送公安机关查处。

第四十一条　县级以上人民政府农业主管部门履行农药监督管理职责，可以依法采取下列措施：

（一）进入农药生产、经营、使用场所实施现场检查；

（二）对生产、经营、使用的农药实施抽查检测；

（三）向有关人员调查了解有关情况；

（四）查阅、复制合同、票据、账簿以及其他有关资料；

（五）查封、扣押违法生产、经营、使用的农药，以及用于违法生产、经营、使用农药的工具、设备、原材料等；

（六）查封违法生产、经营、使用农药的场所。

第四十二条　国家建立农药召回制度。农药生产企业发现其生产的农药对农业、林业、人畜安全、农产品质量安全、生态环境等有严重危害或者较大风险的，应当立即停止生产，通知有关经营者和使用者，向所在地农业主管部门报告，主动召回产品，并记录通知和召回情况。

农药经营者发现其经营的农药有前款规定的情形的，应当立即停止销售，通知有关生产企业、供货人和购买人，向所在地农业主管部门报告，并记录停止销售和通知情况。

农药使用者发现其使用的农药有本条第一款规定的情形的，应当立即停止使用，通知经营者，并向所在地农业主管部门报告。

第四十三条　国务院农业主管部门和省、自治区、直辖市人民政府农业主管部门应当组织负责农药检定工作的机构、植物保护机构对已登记农药的安全性和有效性进行监测。

发现已登记农药对农业、林业、人畜安全、农产品质量安全、生态环境等有严重危害或者较大风险的，国务院农业主管部门应当组织农药登记评审委员会进行评审，根据评审结果撤销、变更相应的农药登记证，必要时应当决定禁用或者限制使用并予以公告。

第四十四条　有下列情形之一的，认定为假农药：

（一）以非农药冒充农药；

（二）以此种农药冒充他种农药；

（三）农药所含有效成分种类与农药的标签、说明书标注的有效成分不符。

禁用的农药，未依法取得农药登记证而生产、进口的农药，以及未附具标签的农药，按照假农药处理。

第四十五条 有下列情形之一的，认定为劣质农药：

（一）不符合农药产品质量标准；

（二）混有导致药害等有害成分。

超过农药质量保证期的农药，按照劣质农药处理。

第四十六条 假农药、劣质农药和回收的农药废弃物等应当交由具有危险废物经营资质的单位集中处置，处置费用由相应的农药生产企业、农药经营者承担；农药生产企业、农药经营者不明确的，处置费用由所在地县级人民政府财政列支。

第四十七条 禁止伪造、变造、转让、出租、出借农药登记证、农药生产许可证、农药经营许可证等许可证明文件。

第四十八条 县级以上人民政府农业主管部门及其工作人员和负责农药检定工作的机构及其工作人员，不得参与农药生产、经营活动。

第七章　法律责任

第四十九条 县级以上人民政府农业主管部门及其工作人员有下列行为之一的，由本级人民政府责令改正；对负有责任的领导人员和直接责任人员，依法给予处分；负有责任的领导人员和直接责任人员构成犯罪的，依法追究刑事责任：

（一）不履行监督管理职责，所辖行政区域的违法农药生产、经营活动造成重大损失或者恶劣社会影响；

（二）对不符合条件的申请人准予许可或者对符合条件的申请人拒不准予许可；

（三）参与农药生产、经营活动；

（四）有其他徇私舞弊、滥用职权、玩忽职守行为。

第五十条 农药登记评审委员会组成人员在农药登记评审中谋取不正当利益的，由国务院农业主管部门从农药登记评审委员会除名；属于国家工作人员的，依法给予处分；构成犯罪的，依法追究刑事责任。

第五十一条 登记试验单位出具虚假登记试验报告的，由省、自治区、直辖市人民政府农业主管部门没收违法所得，并处 5 万元以上 10 万元以下罚款；由国务院农业主管部门从登记试验单位中除名，5 年内不再受理其登记试验单位认定申请；构成犯罪的，依法追究刑事责任。

第五十二条 未取得农药生产许可证生产农药或者生产假农药的，由县级以上地方人民政府农业主管部门责令停止生产，没收违法所得、违法生产的产品和用于违法生产的工具、设备、原材料等，违法生产的产品货值金额不足 1 万元的，并处 5 万元以上 10 万元以下罚款，货值金额 1 万元以上的，并处货值金额 10 倍以上 20 倍以下罚款，由发证机关吊销农药生产许可证和相应的农药登记证；构成犯罪的，依法追究刑事责任。

取得农药生产许可证的农药生产企业不再符合规定条件继续生产农药的，由县级以上地方人民政府农业主管部门责令限期整改；逾期拒不整改或者整改后仍不符合规定条件的，由发证机关吊销农药生产许可证。

农药生产企业生产劣质农药的，由县级以上地方人民政府农业主管部门责令停止生产，没收违法所得、违法生产的产品和用于违法生产的工具、设备、原材料等，违法生产的产品货值金额不足1万元的，并处1万元以上5万元以下罚款，货值金额1万元以上的，并处货值金额5倍以上10倍以下罚款；情节严重的，由发证机关吊销农药生产许可证和相应的农药登记证；构成犯罪的，依法追究刑事责任。

委托未取得农药生产许可证的受托人加工、分装农药，或者委托加工、分装假农药、劣质农药的，对委托人和受托人均依照本条第一款、第三款的规定处罚。

第五十三条 农药生产企业有下列行为之一的，由县级以上地方人民政府农业主管部门责令改正，没收违法所得、违法生产的产品和用于违法生产的原材料等，违法生产的产品货值金额不足1万元的，并处1万元以上2万元以下罚款，货值金额1万元以上的，并处货值金额2倍以上5倍以下罚款；拒不改正或者情节严重的，由发证机关吊销农药生产许可证和相应的农药登记证：

（一）采购、使用未依法附具产品质量检验合格证、未依法取得有关许可证明文件的原材料；

（二）出厂销售未经质量检验合格并附具产品质量检验合格证的农药；

（三）生产的农药包装、标签、说明书不符合规定；

（四）不召回依法应当召回的农药。

第五十四条 农药生产企业不执行原材料进货、农药出厂销售记录制度，或者不履行农药废弃物回收义务的，由县级以上地方人民政府农业主管部门责令改正，处1万元以上5万元以下罚款；拒不改正或者情节严重的，由发证机关吊销农药生产许可证和相应的农药登记证。

第五十五条 农药经营者有下列行为之一的，由县级以上地方人民政府农业主管部门责令停止经营，没收违法所得、违法经营的农药和用于违法经营的工具、设备等，违法经营的农药货值金额不足1万元的，并处5000元以上5万元以下罚款，货值金额1万元以上的，并处货值金额5倍以上10倍以下罚款；构成犯罪的，依法追究刑事责任：

（一）违反本条例规定，未取得农药经营许可证经营农药；

（二）经营假农药；

（三）在农药中添加物质。

有前款第二项、第三项规定的行为，情节严重的，还应当由发证机关吊销农药经营许可证。

取得农药经营许可证的农药经营者不再符合规定条件继续经营农药的，由县级以上地方人民政府农业主管部门责令限期整改；逾期拒不整改或者整改后仍不符合规定条件的，由发证机关吊销农药经营许可证。

第五十六条 农药经营者经营劣质农药的，由县级以上地方人民政府农业主管部门责令停止经营，没收违法所得、违法经营的农药和用于违法经营的工具、设备等，违法经营的农药货值金额不足1万元的，并处2000元以上2万元以下罚款，货值金额1万元以上的，并处货值金额2倍以上5倍以下罚款；情节严重的，由发证机关吊销农药经营许可证；构成犯罪的，依法追究刑事责任。

第五十七条 农药经营者有下列行为之一的，由县级以上地方人民政府农业主管部门责令改正，没收违法所得和违法经营的农药，并处5000元以上5万元以下罚款；拒不改正或者情节严重的，由发证机关吊销农药经营许可证：

（一）设立分支机构未依法变更农药经营许可证，或者未向分支机构所在地县级以上地方人民政府农业主管部门备案；

（二）向未取得农药生产许可证的农药生产企业或者未取得农药经营许可证的其他农药经营者采购农药；

（三）采购、销售未附具产品质量检验合格证或者包装、标签不符合规定的农药；

（四）不停止销售依法应当召回的农药。

第五十八条 农药经营者有下列行为之一的，由县级以上地方人民政府农业主管部门责令改正；拒不改正或者情节严重的，处2000元以上2万元以下罚款，并由发证机关吊销农药经营许可证：

（一）不执行农药采购台账、销售台账制度；

（二）在卫生用农药以外的农药经营场所内经营食品、食用农产品、饲料等；

（三）未将卫生用农药与其他商品分柜销售；

（四）不履行农药废弃物回收义务。

第五十九条 境外企业直接在中国销售农药的，由县级以上地方人民政府农业主管部门责令停止销售，没收违法所得、违法经营的农药和用于违法经营的工具、设备等，违法经营的农药货值金额不足5万元的，并处5万元以上50万元以下罚款，货值金额5万元以上的，并处货值金额10倍以上20倍以下罚款，由发证机关吊销农药登记证。

取得农药登记证的境外企业向中国出口劣质农药情节严重或者出口假农药的，由国务院农业主管部门吊销相应的农药登记证。

第六十条 农药使用者有下列行为之一的，由县级人民政府农业主管部门责令改正，农药使用者为农产品生产企业、食品和食用农产品仓储企业、专业化病虫害防治服务组织和从事农产品生产的农民专业合作社等单位的，处5万元以上10万元以下罚款，农药使用者为个人的，处1万元以下罚款；构成犯罪的，依法追究刑事责任：

（一）不按照农药的标签标注的使用范围、使用方法和剂量、使用技术要求和注意事项、安全间隔期使用农药；

（二）使用禁用的农药；

（三）将剧毒、高毒农药用于防治卫生害虫，用于蔬菜、瓜果、茶叶、菌类、中草药材生产或者用于水生植物的病虫害防治；

（四）在饮用水水源保护区内使用农药；

（五）使用农药毒鱼、虾、鸟、兽等；

（六）在饮用水水源保护区、河道内丢弃农药、农药包装物或者清洗施药器械。

有前款第二项规定的行为的，县级人民政府农业主管部门还应当没收禁用的农药。

第六十一条　农产品生产企业、食品和食用农产品仓储企业、专业化病虫害防治服务组织和从事农产品生产的农民专业合作社等不执行农药使用记录制度的，由县级人民政府农业主管部门责令改正；拒不改正或者情节严重的，处 2000 元以上 2 万元以下罚款。

第六十二条　伪造、变造、转让、出租、出借农药登记证、农药生产许可证、农药经营许可证等许可证明文件的，由发证机关收缴或者予以吊销，没收违法所得，并处 1 万元以上 5 万元以下罚款；构成犯罪的，依法追究刑事责任。

第六十三条　未取得农药生产许可证生产农药，未取得农药经营许可证经营农药，或者被吊销农药登记证、农药生产许可证、农药经营许可证的，其直接负责的主管人员 10 年内不得从事农药生产、经营活动。

农药生产企业、农药经营者招用前款规定的人员从事农药生产、经营活动的，由发证机关吊销农药生产许可证、农药经营许可证。

被吊销农药登记证的，国务院农业主管部门 5 年内不再受理其农药登记申请。

第六十四条　生产、经营的农药造成农药使用者人身、财产损害的，农药使用者可以向农药生产企业要求赔偿，也可以向农药经营者要求赔偿。属于农药生产企业责任的，农药经营者赔偿后有权向农药生产企业追偿；属于农药经营者责任的，农药生产企业赔偿后有权向农药经营者追偿。

第八章　附　　则

第六十五条　申请农药登记的，申请人应当按照自愿有偿的原则，与登记试验单位协商确定登记试验费用。

第六十六条　本条例自 2017 年 6 月 1 日起施行。

化工版农药、植保类科技图书

分类	书号	书名	定价
农药手册性工具图书	122-22028	农药手册(原著第16版)	480.0
	122-27929	农药商品信息手册	360.0
	122-22115	新编农药品种手册	288.0
	122-22393	FAO/WHO农药产品标准手册	180.0
	122-18051	植物生长调节剂应用手册	128.0
	122-15528	农药品种手册精编	128.0
	122-13248	世界农药大全——杀虫剂卷	380.0
	122-11319	世界农药大全——植物生长调节剂卷	80.0
	122-11396	抗菌防霉技术手册	80.0
	122-00818	中国农药大辞典	198.0
农药分析与合成专业图书	122-15415	农药分析手册	298.0
	122-11206	现代农药合成技术	268.0
	122-21298	农药合成与分析技术	168.0
	122-16780	农药化学合成基础(第2版)	58.0
	122-21908	农药残留风险评估与毒理学应用基础	78.0
	122-09825	农药质量与残留实用检测技术	48.0
	122-17305	新农药创制与合成	128.0
	122-10705	农药残留分析原理与方法	88.0
农药剂型加工专业图书	122-15164	现代农药剂型加工技术	380.0
	122-23912	农药干悬浮剂	98.0
	122-20103	农药制剂加工实验(第2版)	48.0
	122-22433	农药新剂型加工与应用	88.0
农药专利、贸易与管理专业图书	122-18414	世界重要农药品种与专利分析	198.0
	122-24028	农资经营实用手册	98.0
	122-26958	农药生物活性测试标准操作规范——杀菌剂卷	60.0
	122-26957	农药生物活性测试标准操作规范——除草剂卷	60.0
	122-26959	农药生物活性测试标准操作规范——杀虫剂卷	60.0
	122-20582	农药国际贸易与质量管理	80.0
	122-19029	国际农药管理与应用丛书——哥伦比亚农药手册	60.0
	122-21445	专利过期重要农药品种手册(2012—2016)	128.0
	122-21715	吡啶类化合物及其应用	80.0
	122-09494	农药出口登记实用指南	80.0
农药研发、进展与专著	122-16497	现代农药化学	198.0
	122-26220	农药立体化学	88.0
	122-19573	药用植物九里香研究与利用	68.0
	122-21381	环境友好型烃基膦酸酯类除草剂	280.0
	122-09867	植物杀虫剂苦皮藤素研究与应用	80.0
	122-10467	新杂环农药——除草剂	99.0
	122-03824	新杂环农药——杀菌剂	88.0
	122-06802	新杂环农药——杀虫剂	98.0
	122-09521	螨类控制剂	68.0
	122-18588	世界农药新进展(三)	118.0
	122-08195	世界农药新进展(二)	68.0
	122-04413	农药专业英语	32.0
	122-05509	农药学实验技术与指导	39.0

续表

分类	书号	书名	定价
农药使用类实用图书	122-10134	农药问答(第5版)	68.0
	122-25396	生物农药使用与营销	49.0
	122-28073	生物农药科学使用指南	50.0
	122-26988	新编简明农药使用手册	60.0
	122-26312	绿色蔬菜科学使用农药指南	39.0
	122-24041	植物生长调节剂科学使用指南(第3版)	48.0
	122-28037	生物农药科学使指南(第3版)	50.0
	122-25700	果树病虫草害管控优质农药158种	28.0
	122-24281	有机蔬菜科学用药与施肥技术	28.0
	122-17119	农药科学使用技术	19.8
	122-17227	简明农药问答	39.0
	122-19531	现代农药应用技术丛书——除草剂卷	29.0
	122-18779	现代农药应用技术丛书——植物生长调节剂与杀鼠剂卷	28.0
	122-18891	现代农药应用技术丛书——杀菌剂卷	29.0
	122-19071	现代农药应用技术丛书——杀虫剂卷	28.0
	122-11678	农药施用技术指南(第2版)	75.0
	122-21262	农民安全科学使用农药必读(第3版)	18.0
	122-11849	新农药科学使用问答	19.0
	122-21548	蔬菜常用农药100种	28.0
	122-19639	除草剂安全使用与药害鉴定技术	38.0
	122-15797	稻田杂草原色图谱与全程防除技术	36.0
	122-14661	南方果园农药应用技术	29.0
	122-13875	冬季瓜菜安全用药技术	23.0
	122-13695	城市绿化病虫害防治	35.0
	122-09034	常用植物生长调节剂应用指南(第2版)	24.0
	122-08873	植物生长调节剂在农作物上的应用(第2版)	29.0
	122-08589	植物生长调节剂在蔬菜上的应用(第2版)	26.0
	122-08496	植物生长调节剂在观赏植物上的应用(第2版)	29.0
	122-08280	植物生长调节剂在植物组织培养中的应用(第2版)	29.0
	122-12403	植物生长调节剂在果树上的应用(第2版)	29.0
	122-27745	植物生长调节剂在果树上的应用(第3版)	48.0
	122-09568	生物农药及其使用技术	29.0
	122-08497	热带果树常见病虫害防治	24.0
	122-27882	果园新农药手册	26.0
	122-07898	无公害果园农药使用指南	19.0
	122-07615	卫生害虫防治技术	28.0
	122-27411	菜园新农药手册	22.8
	122-09671	堤坝白蚁防治技术	28.0
	122-18387	杂草化学防除实用技术(第2版)	38.0
	122-05506	农药施用技术问答	19.0
	122-04812	生物农药问答	28.0
	122-03474	城乡白蚁防治实用技术	42.0
	122-03200	无公害农药手册	32.0
	122-01987	新编植物医生手册	128.0